高等职业教育土木建筑类专业新形态教材

建筑工程计量与计价
（活页式）

主　编　王英春
副主编　杨　帆
参　编　刘冬学　黄丽华
　　　　沈文军　孙丽媛
主　审　刘　萍

北京理工大学出版社
BEIJING INSTITUTE OF TECHNOLOGY PRESS

内 容 提 要

本书是为了适应当前高等职业教育人才培养工作的需要，以及工程造价专业发展的新趋势和新特点，将专业教学标准与职业标准、课程标准与岗位标准、教学过程与生产过程有机融合，校企协同开发的工作手册式教材。

本书以任务为载体，知识与技能相融合，分为工程造价认知、建筑面积计算、建筑与装饰工程量清单的编制、建筑与装饰工程量清单计价的编制、工程价款结算、工程量清单编制和投标报价编制能力训练六个学习项目。

本书内容丰富，实用性强，既可作为高等职业教育工程造价、工程管理、建筑工程技术专业的理实一体化教学教材，也可供广大工程造价人员学习、参考。

版权专有　侵权必究

图书在版编目（CIP）数据

建筑工程计量与计价 / 王英春主编. -- 北京：北京理工大学出版社，2023.1重印
　ISBN 978-7-5763-0660-6

　Ⅰ.①建… Ⅱ.①王… Ⅲ.①建筑工程－计量 ②建筑造价　Ⅳ.①TU723.3

中国版本图书馆CIP数据核字(2021)第227112号

出版发行 / 北京理工大学出版社有限责任公司
社　　址 / 北京市海淀区中关村南大街5号
邮　　编 / 100081
电　　话 / （010）68914775（总编室）
　　　　　（010）82562903（教材售后服务热线）
　　　　　（010）68944723（其他图书服务热线）
网　　址 / http://www.bitpress.com.cn
经　　销 / 全国各地新华书店
印　　刷 / 河北鑫彩博图印刷有限公司
开　　本 / 787毫米×1092毫米　1/16
印　　张 / 14　　　　　　　　　　　　　　　　责任编辑 / 阎少华
字　　数 / 339千字　　　　　　　　　　　　　　文案编辑 / 阎少华
版　　次 / 2023年1月第1版第2次印刷　　　　　　责任校对 / 周瑞红
定　　价 / 49.90元　　　　　　　　　　　　　　责任印制 / 边心超

图书出现印装质量问题，请拨打售后服务热线，本社负责调换

FOREWORD 前言

《国家职业教育改革实施方案》对于职业教育教学改革提出明确要求：职业院校应坚持知行合一，工学结合。明确提出：建设一大批校企"双元"合作开发的国家规划教材，倡导使用新型活页式、工作手册式教材，并配套开发信息化资源。此次教材开发，充分了解了行业、企业用人需求标准，对具体工作调查研究，了解工作模块、工作流程和所需知识、技能、态度，对岗位能力进行分析，构建基于"岗课赛证"四位一体的工程造价专业人才培养模式，以岗位能力培养为核心，实行项目化教学；对标工程造价专业学生应取得的造价员职业技能证书要求，依据现行的国家、行业规范及地方标准，并结合"课程标准"进行编制。同时配套立体化教学资源，促进赛教结合、课证融合，增强学生的实践能力。

教材的编写由企业专家与学校教师共同组成，共同探讨、研究，校企资源共享，充分发挥企业资源优势，具体内容的编排均以真实环境中的工作模块和工作任务为依据，让学生在完成工作任务的过程中掌握技能。教材编写紧扣前沿政策，把脉行业趋势，以实际工程为载体，以能力为本位，按照工程造价实际工作的过程组织编写，使学生具有在工程造价工作岗位及相关岗位上解决实际问题的职业能力。

教材包括6个项目、27个任务、55个能力。项目一为工程造价认知；项目二为建筑面积计算；项目三为建筑与装饰工程量清单的编制；项目四为建筑与装饰工程量清单计价的编制；项目五为工程价款结算；项目六为工程量清单编制和投标报价编制能力训练。通过对该课程进行学习，学生能够了解工程造价基本知识，掌握建筑面积的计算规则，具备编制建筑与装饰工程的工程量清单以及招标控制价和投标报价的能力。本书配套有学习评价、理论考核与技能训练，为学习者提供更多帮助。

本书由辽宁建筑职业学院王英春任主编，源助教（沈阳）科技有限公司杨帆任副主编，辽宁建筑职业学院刘萍教授对本书进行了审阅。本书编写分工如下：辽宁建筑职业学院王英春编写项目三中任务一到任务十二，刘冬学编写项目二，黄丽华编写项目一，

FOREWORD

沈文军编写项目三中任务十三到任务十五及项目五，源助教（沈阳）科技有限公司杨帆编写项目六，孙丽媛编写项目四，全书由王英春负责统稿、整理。

本书在编写过程中得到了许多专家的指导，参考了许多同人的相关书籍和资料，谨此表示诚挚的谢意。

由于教材改革力度大，加上编者水平有限，书中难免有不妥之处，恳请读者批评指正。

编　者

目录

项目一　工程造价认知 ················1
任务一　建设项目的组成及分类 ············1
任务二　工程造价及其构成 ···············4

项目二　建筑面积计算 ················8
任务一　建筑面积的认知 ················8
任务二　建筑面积计算规则 ···············9

项目三　建筑与装饰工程量清单的编制 ···20
任务一　工程量清单编制的基本知识 ·······20
任务二　土方工程工程量清单的编制 ·······23
　　能力一　平整场地工程量计算 ············23
　　能力二　挖土方工程量计算 ·············26
　　能力三　土方回填工程量计算 ············33
任务三　地基处理与边坡支护工程量清单的编制 ···············35
　　能力一　地基处理工程量计算 ············36
　　能力二　基坑与边坡支护工程量计算 ·······41
任务四　桩基工程量清单的编制 ·········45
　　能力一　打桩工程量计算 ··············45
　　能力二　灌注桩工程量计算 ·············49
任务五　砌筑工程工程量清单编制 ········54
　　能力一　砖砌体工程量计算 ·············54
　　能力二　砌块砌体工程量计算 ············63
　　能力三　垫层工程量计算 ··············66
任务六　混凝土及钢筋混凝土工程工程量清单的编制 ···············67
　　能力一　现浇混凝土基础工程量计算 ·······67
　　能力二　现浇混凝土柱工程量计算 ········70
　　能力三　现浇混凝土梁工程量计算 ········72
　　能力四　现浇混凝土墙工程量计算 ········74
　　能力五　现浇混凝土板工程量计算 ········76
　　能力六　现浇混凝土楼梯工程量计算 ·······79
　　能力七　钢筋工程量计算 ··············81
任务七　门窗工程量清单的编制 ··········84
　　能力一　门工程量计算 ················84
　　能力二　窗工程量计算 ················87
任务八　屋面及防水工程量清单的编制 ····91
　　能力一　瓦、型材及其他屋面 ············92
　　能力二　屋面防水及其他 ··············95
　　能力三　墙面防水、防潮 ··············100
　　能力四　楼（地）面防水、防潮 ··········101
任务九　保温、隔热、防腐工程量清单的编制 ···············103
　　能力一　保温、隔热工程量计算 ·········104
　　能力二　防腐面层及其他防腐工程量计算 ···106
任务十　楼地面装饰工程量清单的编制 ···109
　　能力一　整体面层及找平层工程量计算 ····109
　　能力二　块料面层工程量计算 ···········111
　　能力三　橡塑面层及其他材料面层工程量计算 ··············113
　　能力四　踢脚线工程量计算 ············116
　　能力五　楼梯面层工程量计算 ···········118
　　能力六　台阶装饰工程量计算 ···········120
任务十一　墙、柱面装饰与隔断、幕墙工程量清单的编制 ···············122
　　能力一　墙面抹灰工程量计算 ···········122
　　能力二　柱（梁）面抹灰工程量计算 ······125
　　能力三　墙面块料面层工程量计算 ·······127
　　能力四　柱（梁）面镶贴块料工程量计算 ···129

CONTENTS

　　能力五　饰面工程量计算……………131
　　能力六　幕墙工程量计算……………133
　　能力七　隔断工程量计算……………134
任务十二　天棚工程工程量清单的编制 136
　　能力一　天棚抹灰工程量计算………136
　　能力二　天棚吊顶、采光天棚及天棚其他装
　　　　　　饰工程量计算……………………137
任务十三　措施项目清单的编制………140
　　能力一　脚手架工程…………………141
　　能力二　混凝土模板及支架（撑）…145
　　能力三　垂直运输工程………………149
　　能力四　超高施工增加………………151
　　能力五　大型机械设备进出场及安拆、施工
　　　　　　排水、降水……………………153
　　能力六　安全文明施工及其他措施项目…156
任务十四　其他项目清单编制……………158
任务十五　规费和税金项目清单编制……160

**项目四　建筑与装饰工程量清单计价的
　　　　　编制**………………………………164
　　任务一　工程量清单计价概述………164
　　任务二　建筑安装工程费用的计算…167
　　　　能力一　费用组成………………168

　　　　能力二　费用计算………………173
　　　　能力三　计价程序………………177
　　任务三　建筑工程定额的认知………180
　　　　能力一　定额的基础认知………180
　　　　能力二　定额的应用……………182
　　任务四　工程量清单计价的编制……186
　　　　能力一　分部分项工程清单计价…186
　　　　能力二　措施项目清单计价……191
　　　　能力三　其他项目清单计价……193
　　　　能力四　规费、税金项目清单计价…194

项目五　工程价款结算……………………199
　　任务一　工程预付款及工程进度款的
　　　　　　计算………………………………199
　　任务二　竣工结算与支付……………204

**项目六　工程量清单编制和投标报价编制
　　　　　能力训练**………………………216
　　任务一　工程量清单编制实例………216
　　任务二　投标报价编制实例…………217

参考文献……………………………………218

项目一　工程造价认知

思维导图

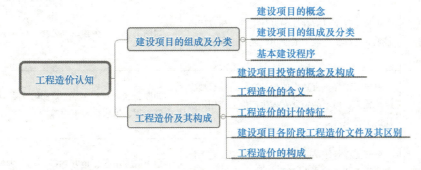

任务一　建设项目的组成及分类

学习目标

1. 能掌握基本建设、建设程序、建设项目等相关概念；
2. 能正确区分建设项目、单项工程、单位工程、分部工程、分项工程；
3. 能培养学生探究学习、分析问题、解决工程实际问题的能力。

知识准备

一、建设项目的概念

建设项目是指具有设计任务书，且按总体设计组织施工的一个或几个单项工程所组成的建设工程。

在我国，通常以一个建设单位或一个独立工程作为一个建设项目。凡属于一个总体设计中分期分批进行建设的主体工程、附属配套工程、综合利用工程、供水供电工程都可以作为一个建设项目。不能将不属于一个总体设计，按各种方式结算的工程作为一个建设项目；也不能将同一个总体设计内的工程，按地区或施工单位分为几个建设项目。

建设项目的实施单位一般称为建设单位，在建设阶段实行建设项目法人责任制，由项目法人实行统一管理。

二、建设项目的组成及分类

(一)建设项目的组成

为了便于对建筑工程进行计价,可以将一个建设项目从大到小一次分解为单项工程、单位工程、分部工程、分项工程,见表 1-1。

表 1-1　建设项目的组成

组成		定义	举例
建设项目	单项工程	单项工程是具有独立的设计文件,建成后能够独立发挥生产能力或使用功能的工程项目	如图书馆、宿舍楼、办公楼、库房、烟囱等
	单位工程	单位工程是具有独立的设计文件,能够独立组织施工,但不能独立发挥生产能力或使用功能的工程项目	如办公楼,可以划分为建筑工程、装饰工程、电气工程、给水排水工程等
	分部工程	分部工程是按结构部位、路段长度及施工特点或施工任务将单位工程划分为若干个项目单元	如土石方工程、地基基础工程、砌筑工程、楼地面工程、墙柱面工程等
	分项工程	分项工程是按不同施工方法、材料、工序及路段长度等将分部工程划分为若干个项目单元	如土石方工程,可以划分为平整场地、挖沟槽土方、挖基坑土方等

建设项目划分举例:某学校建设项目划分,如图 1-1 所示。

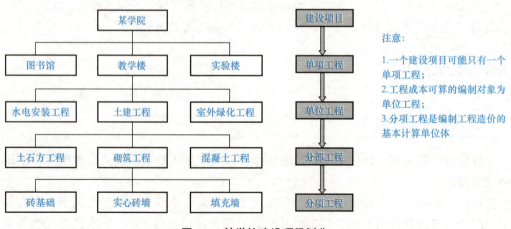

图 1-1　某学校建设项目划分

(二)建设项目的分类

建设项目分类见表 1-2。

表 1-2　建设项目分类

	分类方法	类别
建设项目分类	按建设的性质	新建项目、扩建项目、改建项目、迁建项目和恢复项目
	按建设的经济用途	生产性基本建设和非生产性基本建设
	按建设规模和总投资的大小	大型、中型、小型建设项目
	按建设阶段	预备项目、筹建项目、施工项目、建成投资项目、收尾项目

三、基本建设程序

基本建设程序是建设项目从设想、选择、评估、决策、设计、施工到竣工验收、投入使用整个建设过程中，各项工作必须遵守的先后次序的法则。基本建设程序与概预算的对应关系见表 1-3。

表 1-3　基本建设程序与概预算的对应关系

程序阶段	工作内容	概预算编制	编制部门
项目建议书阶段	对工程项目的轮廓设想	投资估算	建设单位
可行性研究阶段	对拟建项目的技术经济进行可行性论证		
初步设计阶段	通过图纸把设计者的意图和全部结果表达出来，作为施工制作的依据	设计总概算	设计单位
技术设计阶段		修正概算	设计单位
施工图设计阶段		施工图预算	施工单位
招标投标阶段	选择施工单位，签订施工合同	合同价(中标价)	施工单位
施工准备阶段	施工准备	工程结算(计价价格)	施工单位
施工阶段	按图施工		
生产准备阶段	衔接建设和生产		
竣工验收阶段	按设计文件规定内容和验收标准	竣工决算	建设单位

任务二　工程造价及其构成

学习目标

1. 能掌握建设项目投资构成并明确其与工程造价的关系；
2. 能掌握工程造价的含义和计价特征；
3. 能建设项目各阶段工程造价文件及其区别；
4. 能培养学生严谨的治学态度。

知识准备

一、建设项目投资的概念及构成

(一)建设项目投资的概念

建设项目投资是指为完成工程项目建设，在建设期(预计或实际)投入的全部费用总和。

基本建设项目按照建设的经济性质可分为生产性建设项目和非生产性建设项目。基本建设是活动，基本建设的成果就是建设项目。生产性建设项目总投资包括建设投资、建设期利息、流动资金；非生产性建设项目总投资包括建设投资、建设期利息。

建设投资和建设期利息之和对应于固定资产投资，固定资产投资与建设项目的工程造价在量上相等。

(二)建设项目投资构成

建设项目投资构成如图1-2所示。

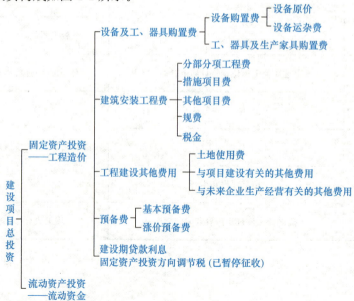

图1-2　建设项目投资构成

二、工程造价的含义

工程造价是按照确定的建设内容、建设规模、建设标准、功能要求和使用要求等将工程项目全部建成,并验收合格交付使用所需要的全部费用。工程造价是建设项目投资构成的重要组成部分。

工程造价从不同角度理解可以有两种不同的含义。

第一种含义,从投资方来看,工程造价是指建设项目从分析政策、设计施工、竣工验收到交付使用的各个阶段,完成建筑工程、设备安装工程、设备及工器具购置与其他相应的建设工作,最后形成固定资产所投入的费用总和。从这个意义上说,工程造价是指建设项目的建设成本,因而也可以叫作建设成本造价或工程全费用造价。

第二种含义,工程造价是指建设工程的承发包价格,是投资者和建筑商共同认可的价格。工程发包的内容可以是建设项目的全部或部分内容,承发包范围、内容不同,价格也不同。

工程造价从两种不同角度出发,其包含的费用项目组成也不同。建设成本造价是工程建设的全部费用,包括设备及工器具购置费、建筑安装工程费、工程建设其他费、预备费、建设期贷款利息、固定资产投资方向调节税等。而承发包价格只是其中承发包部分的工程造价。

三、工程造价的计价特征

工程造价的计价特征如图 1-3 所示。

图 1-3 工程造价的计价特征

四、建设项目各阶段工程造价文件及其区别

(一)造价文件

建设项目各阶段工程造价文件如图 1-4 所示。

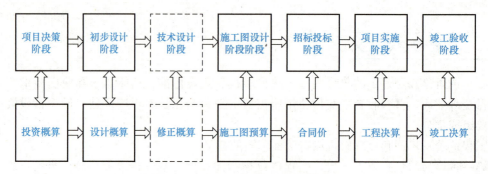

图 1-4 建设项目各阶段工程造价文件

(二)区别

各造价文件之间的区别见表 1-4。

表 1-4 各造价文件之间的区别

类别	编制单位	编制时间	编制用途	编制依据
投资估算	建设单位或咨询单位	项目决策阶段	投资决策	投资估算指标
设计概算	设计单位	初步设计阶段	控制投资及造价	概算定额
修正概算	设计单位	技术设计阶段	控制投资及造价	概算定额
施工图预算	建设单位 施工单位	施工图设计阶段	编制招标控制价及投标报价	预算定额
合同价	承发包双方	招标投标阶段	确定承发包价格	预算定额
竣工结算	施工阶段	施工阶段	工程结算	预算定额
竣工决算	建设单位	竣工验收阶段	竣工决算	

五、工程造价的构成

某学院工程造价形成过程如图 1-5 所示。

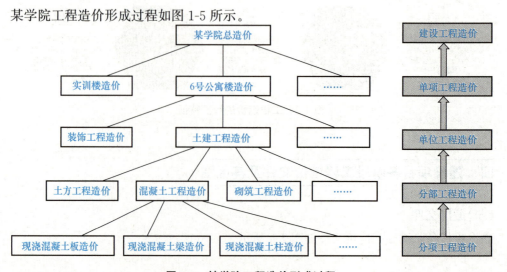

图 1-5 某学院工程造价形成过程

理论考核

一、单项选择题

1. 组成分部工程的元素是( )。
   A. 单项工程　　　B. 建设项目　　　C. 单位工程　　　D. 分项工程
2. 根据建设项目的划分,某工程的基础工程属于( )。
   A. 单位工程　　　B. 单项工程　　　C. 分部工程　　　D. 分项工程
3. 关于我国现行建设项目投资构成的说法中,下列正确的是( )。
   A. 建设投资包括工程费用和工程建设其他费用
   B. 工程造价为工程费用、工程建设其他费用、预备费与利息之和
   C. 流动资金可用于购买原材料、设备、支付工资等
   D. 工程费用为建筑安装工程费用与工程建设其他费用之和
4. 根据基本建设项目的划分,砌一砖半的实心砖墙属于( )项目。
   A. 建设项目　　　B. 分项工程　　　C. 单位工程　　　D. 分部工程
5. 建设期对应关系不正确的是( )。
   A. 在项目建议书阶段:初步投资估算　　B. 在竣工验收阶段:竣工决算
   C. 在招标阶段:施工图预算　　　　　　D. 在实施阶段:结算价

二、多项选择题

1. 下列属于单项工程的有( )。
   A. 教学楼的楼地面工程　　　　　　B. 北京的百货大楼
   C. 某工厂的镀金车间　　　　　　　D. 奥运会主会场的鸟巢
   E. 住宅楼的屋面防水工程
2. 下列属于分部工程的有( )。
   A. 某商住楼的砌筑工程　　　　　　B. 某车间的土石方工程
   C. 某工厂的礼堂　　　　　　　　　D. 某医院的住院大楼
   E. 某体育馆的金属结构工程
3. 基本建设程序是指工程建设项目从策划、( )到投入生产(交付使用)的整个建设过程中各项工作必须遵循的先后次序,是建设项目科学决策和顺利进行的重要保证。
   A. 可行性研究　　B. 决策　　　　　C. 设计　　　　　D. 施工
   E. 竣工验收
4. 工程造价的计价特征包括( )。
   A. 单件性　　　　B. 多次性　　　　C. 动态性　　　　D. 批量性
   E. 组合性

技能训练

一、举例说明基本建设项目的划分。
二、举例说明工程造价的构成。

项目二　建筑面积计算

 思维导图

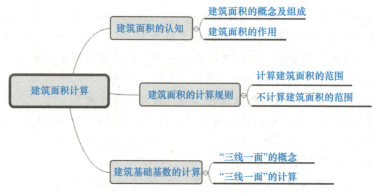

任务一　建筑面积的认知

学习目标

1. 能掌握建筑面积的含义及其组成；
2. 能了解建筑面积的作用；
3. 能熟练使用《建筑工程建筑面积计算规范》(GB/T 50353—2013)，并熟悉相关术语；
4. 能培养学生一丝不苟的学习态度和工作作风。

建筑面积计算规范

一、建筑面积的概念及组成

1. 建筑面积的概念

建筑面积是指建筑物各层结构外围水平投影面积的总和。特别提示：所谓结构外围是指不包括外墙装饰抹灰层的厚度，但包括主体结构外附属于该建筑物的室外阳台、雨篷、檐廊、室外走廊、室外楼梯等。

2. 建筑面积的组成

建筑面积可以划分为使用面积、辅助面积和结构面积，即

建筑面积＝使用面积＋辅助面积＋结构面积

建筑面积的组成见表2-1。

表2-1　建筑面积的组成

建筑面积的组成	有效面积	使用面积	可直接为生产或生活使用的净面积之和，如卧室、客厅、卫生间等
		辅助面积	为辅助生产或生活所占净面积总和，如走廊、楼梯间等
	结构面积		建筑物各层平面布置中的墙体、柱、通风道、烟道等结构所占面积的总和

二、建筑面积的作用

(1) 建筑面积是确定建筑工程经济技术指标的重要依据。

单位面积工程造价＝工程造价/建筑面积

单位面积人工消耗量＝建筑工程人工总消耗量/建筑面积

单位面积材料消耗量＝建筑工程材料总消耗量/建筑面积

(2) 建筑面积是控制工程进度和竣工任务的重要指标。如"已完工面积""已竣工面积""在建面积"都是以建筑面积指标来表示的。

(3) 建筑面积是计算有关分项工程量的依据和基础。底层建筑面积、室内回填土体积、平整场地面积、楼地面面积和天棚面积等，也是脚手架、垂直运输机械费用的计算依据。

(4) 工程单方造价是衡量装饰工程装饰标准的主要指标。

(5) 建筑面积是划分建筑工程类别的标准之一。

任务二　建筑面积计算规则

学习目标

1. 能掌握建筑面积的计算规则；
2. 能根据施工图纸计算房屋建筑的建筑面积；
3. 能掌握"三线一面"的概念、计算方法，并会使用；
4. 能培养学生耐心、专注、吃苦耐劳、爱岗敬业的工匠精神。

知识准备

一、计算建筑面积的范围

(1) 建筑物的建筑面积应按自然层外墙结构外围水平面积之和计算。结构层高在2.20 m及以上的，应计算全面积；结构层高在2.20 m以下的，应计算1/2面积。

(2)建筑物内设有局部楼层时(图2-1),对于局部楼层的二层及以上楼层,有围护结构的应按其围护结构外围水平面积计算,无围护结构的应按其结构底板水平面积计算,且结构层高在2.20 m及以上的,应计算全面积;结构层高在2.20 m以下的,应计算1/2面积。

图2-1 建筑物内设有局部楼层

1—维护设施;2—维护结构;3—局部楼层

【例2-1】 如图2-2所示,若局部楼层结构层高均超过2.20 m,试计算其建筑面积。

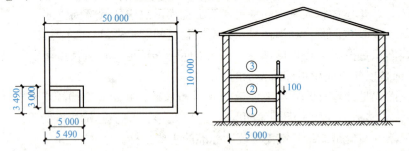

图2-2 某建筑物内设有局部楼层

【解】 该建筑的建筑面积为

首层建筑面积=50×10=500(m²)

局部二层建筑面积(按围护结构计算)=5.49×3.49=19.16(m²)

局部三层建筑面积(按底板计算)=(5+0.1)×(3+0.1)=15.81(m²)

(3)形成建筑空间的坡屋顶,结构净高在2.10 m及以上的部位应计算全面积;结构净高在1.20 m及以上至2.10 m以下的部位应计算1/2面积;结构净高在1.20 m以下的部位不应计算建筑面积,如图2-3所示。

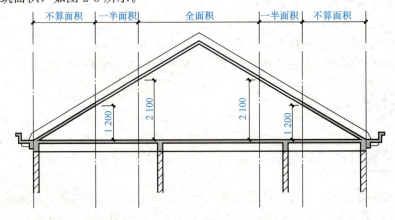

图2-3 坡屋顶空间建筑面积计算示意

【例 2-2】 如图 2-4 所示,计算坡屋顶下建筑空间建筑面积。

【解】 全面积部分 $= 50 \times (15 - 1.5 \times 2 - 1.0 \times 2) = 500 (m^2)$

1/2 面积部分 $= 50 \times 1.5 \times 2 \times 1/2 = 75 (m^2)$

合计建筑面积 $= 500 + 75 = 575 (m^2)$

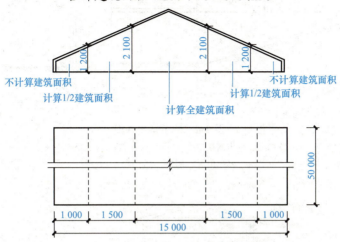

图 2-4 坡屋顶下建筑空间建筑面积计算范围示意图

(4)场馆看台下的建筑空间,结构净高在 2.10 m 及以上的部位应计算全面积;结构净高在 1.20 m 及以上至 2.10 m 以下的部位应计算 1/2 面积;结构净高在 1.20 m 以下的部位不应计算建筑面积。室内单独设置的有围护设施的悬挑看台,应按看台结构底板水平投影面积计算建筑面积。有顶盖无围护结构的场馆看台应按其顶盖水平投影面积的 1/2 计算面积。

(5)地下室、半地下室应按其结构外围水平面积计算。结构层高在 2.20 m 及以上的,应计算全面积;结构层高在 2.20 m 以下的,应计算 1/2 面积。地下室及出入口如图 2-5 所示。

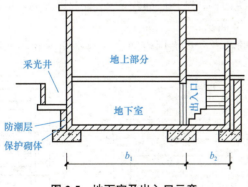

图 2-5 地下室及出入口示意

(6)出入口外墙外侧坡道有顶盖的部位,应按其外墙结构外围水平面积的 1/2 计算面积,如图 2-6 所示。

(7)建筑物架空层及坡地建筑物吊脚架空层(图 2-7),应按其顶板水平投影计算建筑面积。结构层高在 2.20 m 及以上的,应计算全面积;结构层高在 2.20 m 以下的,应计算 1/2 面积。

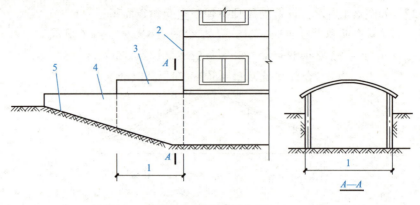

图 2-6 地下室出入口

1—计算 1/2 投影面积部位；2—主体建筑；3—出入口顶盖；
4—封闭出入口侧墙；5—出入口坡道

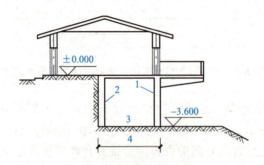

图 2-7 建筑物吊脚架空层

1—柱；2—墙；3—吊脚架空层；4—计算建筑面积部位

(8) 建筑物的门厅、大厅应按一层计算建筑面积，门厅、大厅内设置的走廊应按走廊结构底板水平投影面积计算建筑面积。结构层高在 2.20 m 及以上的，应计算全面积；结构层高在 2.20 m 以下的，应计算 1/2 面积。

【例 2-3】 某综合实验楼有六层大厅带回廊，其平面图和剖面图如图 2-8 所示，试计算其大厅和回廊的建筑面积。

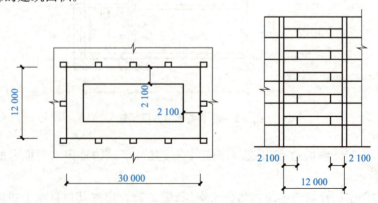

图 2-8 某实验楼大厅、回廊示意

(a)平面；(b)剖面

【解】　　　　　大厅部分面积＝12.00×30.00＝360.00（m²）
回廊部分建筑面积＝[(30.00－2.10)＋(12.00－2.10)]×2×2.10×5＝793.80（m²）

(9)建筑物间的架空走廊(图 2-9、图 2-10)，有顶盖和围护结构的，应按其围护结构外围水平面积计算全面积；无围护结构、有围护设施的，应按其结构底板水平投影面积计算1/2 面积。

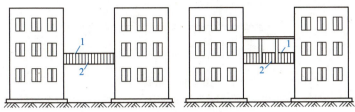

图 2-9　无围护结构的架空走廊
1—栏杆；2—架空走廊

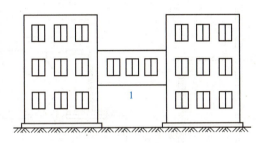

图 2-10　有围护结构的架空走廊
1—架空走廊

(10)立体书库、立体仓库、立体车库，有围护结构的，应按其围护结构外围水平面积计算建筑面积；无围护结构、有围护设施的，应按其结构底板水平投影面积计算建筑面积。无结构层的应按一层计算，有结构层的应按其结构层面积分别计算。结构层高在 2.20 m 及以上的，应计算全面积；结构层高在 2.20 m 以下的，应计算 1/2 面积。

(11)有围护结构的舞台灯光控制室，应按其围护结构外围水平面积计算。结构层高在 2.20 m 及以上的，应计算全面积；结构层高在 2.20 m 以下的，应计算 1/2 面积。

(12)附属在建筑物外墙的落地橱窗，应按其围护结构外围水平面积计算。结构层高在 2.20 m 及以上的，应计算全面积；结构层高在 2.20 m 以下的，应计算 1/2 面积。

(13)窗台与室内楼地面高差在 0.45 m 以下且结构净高在 2.10 m 及以上的凸(飘)窗，应按其围护结构外围水平面积计算 1/2 面积。

(14)有围护设施的室外走廊(挑廊)，应按其结构底板水平投影面积计算 1/2 面积；有围护设施(或柱)的檐廊，应按其围护设施(或柱)外围水平面积计算 1/2 面积。檐廊如图 2-11 所示。

(15)门斗应按其围护结构外围水平面积计算建筑面积。结构层高在 2.20 m 及以上的，应计算全面积；结构层高在 2.20 m 以下的，应计算 1/2 面积。门斗如图 2-12 所示。

(16)门廊应按其顶板的水平投影面积的 1/2 计算建筑面积；有柱雨篷应按其结构板水平投影面积的 1/2 计算建筑面积；无柱雨篷的结构外边线至外墙结构外边线的宽度在 2.10 m 及以上的，应按雨篷结构板的水平投影面积的 1/2 计算建筑面积。

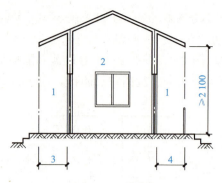

图 2-11 檐廊

1—檐廊；2—室内；3—不计算建筑面积部位；4—计算 1/2 建筑面积部位

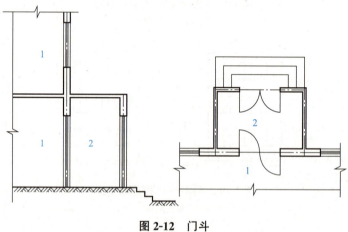

图 2-12 门斗

1—室内；2—门斗

(17)设在建筑物顶部的、有围护结构的楼梯间、水箱间、电梯机房等，结构层高在 2.20 m 及以上的应计算全面积；结构层高在 2.20 m 以下的，应计算 1/2 面积。

【例 2-4】 某建筑物内设有电梯，其平面图和剖面图如图 2-13 所示，试计算该建筑物的建筑面积。

【解】 $S = 78.00 \times 10.00 \times 6 + 4.00 \times 4.00 = 4\,696 \,(\mathrm{m}^2)$

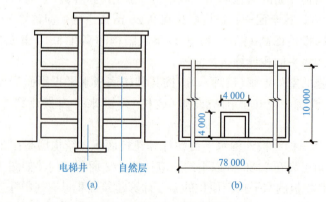

图 2-13 设有电梯的某建筑物示意

(a)剖面图；(b)平面图

(18)围护结构不垂直于水平面的楼层,应按其底板面的外墙外围水平面积计算。结构净高在2.10 m及以上的部位,应计算全面积;结构净高在1.20 m及以上至2.10 m以下的部位,应计算1/2面积;结构净高在1.20 m以下的部位,不应计算建筑面积。

(19)建筑物的室内楼梯、电梯井、提物井、管道井、通风排气竖井、烟道,应并入建筑物的自然层计算建筑面积。有顶盖的采光井应按一层计算面积,且结构净高在2.10 m及以上的,应计算全面积;结构净高在2.10 m以下的,应计算1/2面积。

(20)室外楼梯应并入所依附建筑物自然层,并应按其水平投影面积的1/2计算建筑面积。

(21)在主体结构内的阳台,应按其结构外围水平面积计算全面积;在主体结构外的阳台,应按其结构底板水平投影面积计算1/2面积。

(22)有顶盖无围护结构的车棚、货棚、站台、加油站、收费站等,应按其顶盖水平投影面积的1/2计算建筑面积。

(23)以幕墙作为围护结构的建筑物,应按幕墙外边线计算建筑面积。

(24)建筑物的外墙外保温层,应按其保温材料的水平截面面积计算,并计入自然层建筑面积。建筑物外墙外保温如图2-14所示。

(25)与室内相通的变形缝,应按其自然层合并在建筑物建筑面积内计算。对于高低联跨的建筑物,当高低跨内部连通时,其变形缝应计算在低跨面积内。

(26)对于建筑物内的设备层、管道层、避难层等有结构层的楼层,结构层高在2.20 m及以上的,应计算全面积;结构层高在2.20 m以下的,应计算1/2面积。

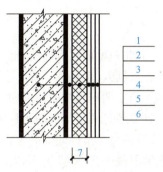

图2-14 建筑外墙外保温

1—墙体;2—粘结胶浆;
3—保温材料;4—标准网;5—加强网;
6—抹面胶浆;7—计算建筑面积部位

二、不计算建筑面积的范围

(1)与建筑物内不相连通的建筑部件;
(2)骑楼(图2-15)、过街楼(图2-16)底层的开放公共空间和建筑物通道(图2-17);

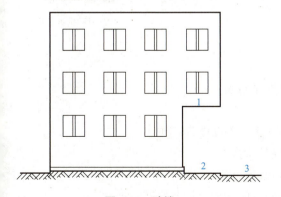

图2-15 骑楼

1—骑楼;2—人行道;3—街道

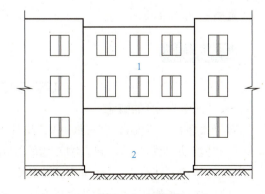

图2-16 过街楼

1—过街楼;2—建筑物通道

(3)舞台及后台悬挂幕布和布景的天桥、挑台等;

(4)露台、露天游泳池、花架、屋顶的水箱及装饰性结构构件;

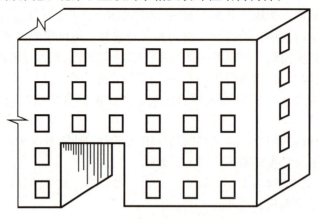

图 2-17 穿过建筑物的通道示意

(5)建筑物内的操作平台、上料平台、安装箱和罐体的平台;

(6)勒脚、附墙柱、垛、台阶、墙面抹灰、装饰面、镶贴块料面层、装饰性幕墙,主体结构外的空调室外机搁板(箱)、构件、配件,挑出宽度在 2.10 m 以下的无柱雨篷和顶盖高度达到或超过两个楼层的无柱雨篷;

(7)窗台与室内地面高差在 0.45 m 以下且结构净高在 2.10 m 以下的凸(飘)窗,窗台与室内地面高差在 0.45 m 及以上的凸(飘)窗;

(8)室外爬梯、室外专用消防钢楼梯;

(9)无围护结构的观光电梯;

(10)建筑物以外的地下人防通道,独立的烟囱、烟道、地沟、油(水)罐、气柜、水塔、贮油(水)池、贮仓、栈桥等构筑物。

任务单:根据 1#生产车间图纸,对该工程"三线一面"数据进行计算。

解析:见二维码。

"三线一面"数据计算

建筑基础基数的计算

一、"三线一面"的概念

对于大多数工程而言,"三线一面"是其工程量计算的共有基数:

(1)外墙外边线($L_{外}$):建筑物外墙的外边线长度之和。

(2)外墙中心线($L_{中}$):建筑物外墙的中心线长度之和。

(3)内墙净长线($L_{净}$):建筑物所有内墙的净长线之和。

(4)底层建筑面积($L_{底}$):建筑物底层建筑面积。

二、"三线一面"的计算

(1) 外墙外边线：用于计算勒脚、腰线、勾缝、抹灰、散水等。

$$L_{外} = 外墙外包线长度$$

(2) 外墙中心线：用于计算基础、挖土、垫层、砌筑、防潮层等。

$$L_{中} = L_{外} - 4\,墙厚$$

(3) 内墙净长线：用于计算内墙基础、墙体砌筑、抹灰等。

$$L_{净} = 建筑平面内所有内墙长度之和$$

(4) 建筑物底层建筑面积：用于计算平整场地、地面、天棚、屋面等。

$$S_{底} = 建筑物长 \times 建筑物宽$$

【例 2-5】某建筑物平面图如图 2-18 所示，试计算该建筑物的"三线一面"。

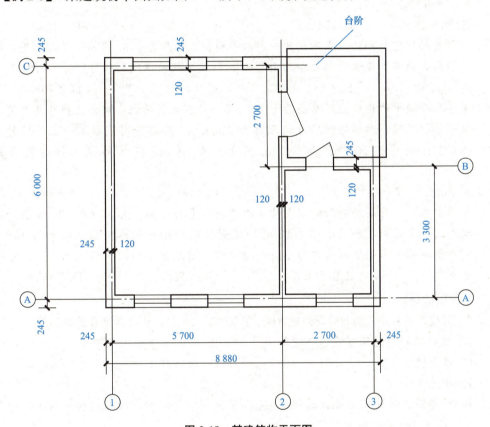

图 2-18 某建筑物平面图

【解】$L_{外} = (5.7 + 2.7 + 0.245 \times 2 + 6.00 + 0.245 \times 2) \times 2 = 30.76\,(m)$

$L_{中} = 30.76 - 4 \times 0.365 = 29.30\,(m)$

$L_{净} = 3.3 - 0.12 \times 2 = 3.06\,(m)$

$S_{底} = (5.7 + 2.7 + 0.245 \times 2) \times (6.00 + 0.245 \times 2) - 2.7 \times 2.7 = 50.41\,(m^2)$

理论考核

一、单项选择题

1. 门厅、大厅内设有回廊时按其结构底板（　　）计算建筑面积。
   A. 水平面积　　　　　　　　　　B. 水平面积的 1/2
   C. 水平投影面积　　　　　　　　D. 水平投影面积的 1/2

2. 某二层矩形砖混结构建筑，长为 20 m，宽为 10 m（均为轴线尺寸），抹灰厚为 25 mm，内外墙均为一砖厚，室外台阶水平投影面积为 4 m^2，则该建筑物的建筑面积为（　　）m^2。
   A. 207.26　　　B. 414.52　　　C. 208.02　　　D. 416.0

3. 一幢 6 层住宅，勒脚以上结构的外围水平面积，每层为 448.38 m^2，6 层无围护结构的挑阳台的水平投影面积之和为 108 m^2，则该工程的建筑面积为（　　）m^2。
   A. 556.38　　　B. 2 480.38　　　C. 2 744.28　　　D. 2 798.28

4. 某单层混凝土结构工业厂房高为 15 m，其一端有 6 层砖混车间办公楼与其相连，构成一单位工程，两部分外墙外边距离为 350 mm，各部分首层勒脚以上外墙外边所围面积分别为 2 000 m^2 和 300 m^2，缝长为 20 m，则该单位工程建筑面积为（　　）m^2。
   A. 2 300　　　B. 3 800　　　C. 3 807　　　D. 3 842

5. 某住宅工程，首层外墙勒脚以上结构的外围水平面积为 448.38 m^2，2~6 层外墙结构外围水平面积之和为 2 241.12 m^2，不封闭的凹阳台的水平面积之和为 108 m^2，室外悬挑雨篷水平投影面积为 4 m^2，该工程的建筑面积为（　　）m^2。
   A. 2 639.5　　　B. 2 743.5　　　C. 2 689.5　　　D. 2 635.5

二、多项选择题

1. 根据《建筑工程建筑面积计算规范》（GB/T 50353—2013），应计算建筑面积的有（　　）。
   A. 设计不利用的场馆看台下空间　　　　B. 凸出主体的上人阳台
   C. 过街楼　　　　　　　　　　　　　　D. 加油站
   E. 半地下室

2. 根据《建筑工程建筑面积计算规范》（GB/T 50353—2013），按其结构底板水平面积的 1/2 计算建筑面积的项目有（　　）。
   A. 有永久性顶盖无围护结构的货棚　　　B. 有永久性顶盖无围护结构的挑廊
   C. 有永久性顶盖无围护结构的场馆看台　D. 有永久性顶盖无围护结构的架空走廊
   E. 有永久性顶盖无围护结构的檐廊

3. 根据《建筑工程建筑面积计算规范》（GB/T 50353—2013），按其结构顶盖水平面积的 1/2 计算建筑面积的项目有（　　）。
   A. 有永久性顶盖无围护结构的货棚　　　B. 门斗
   C. 门廊　　　　　　　　　　　　　　　D. 有永久性顶盖的场馆看台
   E. 永久性室外楼梯

4. 下列项目不应计算建筑面积是（　　）。
   A. 地下室的采光井　　　　　　　B. 室外台阶
   C. 建筑物内的操作平台　　　　　D. 穿过建筑物的通道
   E. 门斗

技能训练

图 2-19 所示为某建筑标准层平面图，已知墙厚为 240 mm，层高为 3.0 m，计算该建筑物标准层建筑面积。

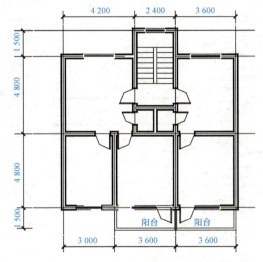

图 2-19　某建筑标准层平面图

项目三　建筑与装饰工程量清单的编制

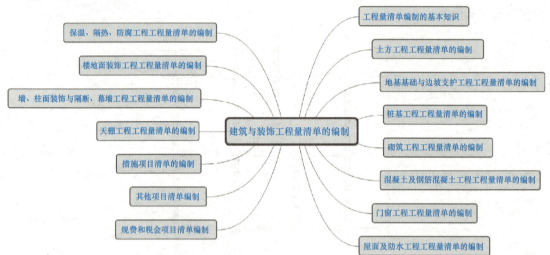

任务一　工程量清单编制的基本知识

学习目标

1. 能掌握工程量清单的概念、组成、作用、编制依据及对编制者的要求；
2. 能熟悉工程计价相关表格；
3. 能掌握清单编制的"五要件"要求；
4. 能培养学生严谨的治学态度。

知识准备

一、工程量清单编制的一般规定

1. 工程量清单的概念

工程量清单是指载明建设工程分部分项工程项目、措施项目、其他项目的名称和相应数量以及规费、税金项目等内容的明细清单。采用工程量清单方式招标,工程量清单必须作为招标文件的组成部分,其准确性和完整性由招标人负责。

2. 工程量清单编制者

工程量清单应由具有编制能力的招标人或受其委托具有相应资质的工程造价咨询人或招标代理人编制。

3. 工程量清单的组成

工程量清单包括分部分项工程量清单、措施项目清单、其他项目清单、规费项目清单和税金项目清单。在建设工程承发包及实施过程的不同阶段,又可分为"招标工程量清单"和"已标价工程量清单"。

4. 工程量清单的作用

工程量清单是工程量清单计价的基础,应作为编制招标控制价、投标报价、计算工程量、支付工程款、调整合同价款、办理竣工结算以及工程索赔等的依据之一。

5. 工程量的编制依据

(1)《建设工程工程量清单计价规范》(GB 50500—2013)(以下简称"计价规范")和相关工程的国家计量规范;

(2)国家或省级、行业建设主管部门颁发的计价定额和办法;

(3)建设工程设计文件及相关资料;

(4)与建设工程有关的标准、规范、技术资料;

(5)拟订的招标文件;

(6)施工现场情况、地勘水文资料、工程特点及常规施工方案;

(7)其他相关资料。

二、工程计价表格

"计价规范"规定了工程量清单的统一格式和填写要求,详见二维码。

工程计价表格

三、分部分项工程量清单编制的"五要件"

分部分项工程量清单应载明项目编码、项目名称、项目特征、计量单位和工程量,这五个要件在分部分项工程项目清单的组成中缺一不可。分部分项工程量清单应根据相关工程现行国家计量规范规定的项目编码、项目名称、项目特征、计量单位和工程量计算规则进行编制。

(一)项目编码

分部分项工程量清单的项目编码,应采用前十二位阿拉伯数字表示,一至九位应按《房屋建筑与装饰工程工程量计算规范》(GB 50854—2013)(以下简称"计算规范")附录的规定设置,十至十二位应根据拟建工程的工程量清单项目名称和项目特征设置,同一招标工程的项目编码不得有重码。

第一级编码表示的是附录顺序码,其中,房屋建筑与装饰工程为01,仿古建筑工程为

02，通用安装工程为03，市政工程为04，园林绿化工程为05等；第二级编码表示的是专业工程顺序码；第三级编码表示的是分部工程顺序码；第四级编码表示的是分项工程项目顺序码；第五级编码表示的是清单项目名称顺序码。第十、十一、十二位项目编码及项目名称由各省、自治区、直辖市根据各地具体情况编制。

项目编码举例如图3-1所示。

图3-1　项目编码举例

清单编制人在自行设置编码时应注意以下几项：
(1)一个项目编码对应于一个项目名称、计量单位、计算规则、工作内容、综合单价。
(2)项目编码不应再设附码。
(3)同一个分项工程中第五级编码不应重复。
(4)清单编制人在自行设置编码时，如需并项要慎重考虑。

(二)项目名称

分部分项工程量清单的项目名称应按"计算规范"附录的项目名称结合拟建工程的实际确定。项目名称的确定应考虑以下三个方面的因素：
(1)"计算规范"中的项目名称；
(2)"计算规范"中的项目特征；
(3)拟建工程的实际情况。

(三)项目特征

分部分项工程量清单项目特征应按"计算规范"附录中规定的项目特征，结合拟建工程项目的实际予以描述。

(四)计量单位

由"计算规范"规定：按照能够较准确地反映该项目工程内容的原则确定，如：
(1)计算质量——以吨或千克为计量单位，如钢材、金属构件、设备制作安装等；结果应保留小数点后三位数字，第四位小数四舍五入。
(2)计算体积——以立方米为计量单位，如土方工程、砌筑工程、钢筋混凝土工程等；结果应保留小数点后两位数字，第三位小数四舍五入。
(3)计算面积——以平方米为计量单位，如楼地面抹灰、油漆工程等；结果应保留小数点后两位数字，第三位小数四舍五入。
(4)计算长度——以米为计量单位，如楼梯扶手、装饰线等；结果应保留小数点后两位数字，第三位小数四舍五入。
(5)其他——以个、套、块、樘、组、台、系统等为计量单位，如荧光灯安装以套为单位，车床以台为单位，门窗以樘为单位；结果应取整数。

(五)工程量计算规则

分部分项工程量清单中所列工程量应按"计算规范"附录中规定的工程量计算规则计算。

当出现"计算规范"中未包括的清单项目时,编制人应做补充。补充项目的项目编码由代码 01 与 B 和三位阿拉伯数字组成,并应从 01 B001 起顺序编制,同一招标工程的项目不得重码。工程量清单中需附有补充项目的名称、项目特征、计量单位、工程量计算规则、工作内容。

知识拓展

《建筑工程工程量清单计价规范》(GB 50500—2013)、《房屋建筑与装饰工程工程量计算规范》(GB 50854—2013)简介,见二维码。

清单计价规范

任务二　土方工程工程量清单的编制

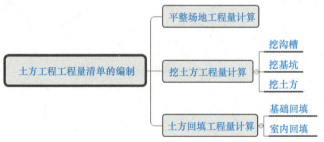

能力一　平整场地工程量计算

学习目标

1. 能了解平整场地的概念及土壤分类的相关知识;
2. 能掌握平整场地的工程量计算规则及计算公式;
3. 能正确计算平整场地的工程量并编制工程量清单;
4. 能培养学生分析问题、解决工程实际问题的能力。

规范学习

平整场地规范内容见表 3-1。

表 3-1 平整场地规范内容

项目编码	项目名称	项目特征	计量单位	工程量计算规则	工作内容
010101001	平整场地	1. 土壤类别 2. 弃土运距 3. 取土运距	m²	按设计图示尺寸以建筑物首层建筑面积计算	1. 土方挖填 2. 场地找平 3. 运输

注：本表格摘自"计算规范"，后文同。

相关知识

一、适用范围

建筑物场地厚度≤±300 mm 的挖、填、运、找平，应按平整场地项目编码列项。厚度＞±300 mm 的竖向布置挖土或山坡切土应按挖一般土方项目编码列项。平整场地示意如图 3-2 所示。

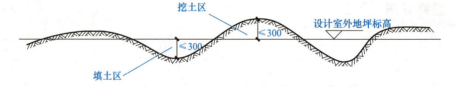

图 3-2 平整场地示意

二、计算公式

$$S_{底} = S_{建筑物首层建筑面积}$$

三、相关说明

（1）土壤的分类应按表 3-2 确定，如土壤类别不能准确划分时，招标人可注明为综合，由投标人根据地勘报告决定报价。

（2）土方体积应按挖掘前的天然密实体积计算。非天然密实土方应按表 3-3 折算。

表3-2 土壤分类表

土壤分类	土壤名称	开挖方法
一、二类土	粉土、砂土(粉砂、细砂、中砂、粗砂、砾砂)、粉质黏土、弱中盐渍土、软土(淤泥质土、泥炭、泥炭质土)、软塑红黏土、冲填土	用锹、少许用镐、条锄开挖。机械能全部直接铲挖满载者
三类土	黏土、碎石土(圆砾、角砾)混合土、可塑红黏土、硬塑红黏土、强盐渍土、素填土、压实填土	主要用镐、条锄、少许用锹开挖。机械需部分刨松方能铲挖满载者或可直接铲挖但不能满载者
四类土	碎石土(卵石、碎石、漂石、块石)、坚硬红黏土、超盐渍土、杂填土	全部用镐、条锄挖掘、少许用撬棍挖掘。机械须普遍刨松方能铲挖满载者

注:本表土的名称及其含义按国家标准《岩土工程勘察规范(2009年版)》(GB 50021—2001)定义。

表3-3 土方体积折算系数表

天然密实度体积	虚方体积	夯实后体积	松填体积
0.77	1.00	0.67	0.83
1.00	1.30	0.87	1.08
1.15	1.50	1.00	1.25
0.92	1.20	0.80	1.00

注:①虚方指未经碾压、堆积时间≤1年的土壤。
②本表按《全国统一建筑工程预算工程量计算规则》(GJDGZ—101—1995)整理。
③设计密实度超过规定的,填方体积按工程设计要求执行;无设计要求按各省、自治区、直辖市或行业建设行政主管部门规定的系数执行。

案例解析

任务单:根据1#生产车间图纸,对该工程平整场地工程进行计量。

解析:$S_底 = S_{建筑物首层建筑面积}$

工程量清单编制表见表3-4。

平整场地工程计量

表3-4 工程量清单编制表

工程名称:1#生产车间

序号	项目编码	项目名称	项目特征	计量单位	工程量	金额/元		
						综合单价	合价	其中
								暂估价

能力二　挖土方工程量计算

学习目标

1. 能区分挖沟槽、挖基坑、挖一般土方；
2. 能熟悉放坡系数表、工作面宽度计算表；
3. 能掌握挖沟槽、挖基坑、挖土方的清单工程量计算规则；
4. 能正确计算挖沟槽、挖基坑、挖土方的工程量并编制工程量清单；
5. 能掌握留工作面、放坡、支挡土板三种情况工程量的计算方法；
6. 能培养学生专业课程知识体系的综合运用能力。

规范学习

挖土方工程规范内容见表3-5。

表3-5　挖土方工程规范内容

项目编码	项目名称	项目特征	计量单位	工程量计算规则	工作内容
010101002	挖一般土方	1. 土壤类别 2. 挖土深度 3. 弃土运距	m^3	按设计图示尺寸以体积计算	1. 排地表水 2. 土方开挖 3. 围护（挡土板）及拆除 4. 基底钎探 5. 运输
010101003	挖沟槽土方			按设计图示尺寸以基础垫层底面积乘以挖土深度计算	
010101004	挖基坑土方				

相关知识

一、沟槽、基坑、一般土方的划分

沟槽、基坑、一般土方的划分为：底宽≤7 m且底长>3倍底宽为沟槽；底长≤3倍底宽、底面积≤150 m^2 为基坑；超出上述范围则为一般土方。

二、计算公式

（1）挖一般土方：

$$V=挖土平面面积×挖土平均厚度$$

（2）挖沟槽土方：

$$V=基础垫层长×基础垫层宽×挖土深度$$

1）当基础为条形基础时：

$$V=基础垫层长度×基础垫层宽度×挖土深度$$

基础垫层长度：外墙基础垫层长取建筑物外墙中心线长度；内墙基础垫层长取内墙基础垫层净长。

2)当基础为独立基础时：

$$方形或长方形地坑：V = a \times b \times H$$
$$圆形地坑：V = \pi \times R^2 \times H$$

式中 V——挖基础土方体积(m^3)；

a、b——方形基础垫层底面尺寸(m)；

R——圆形基础垫层底半径(m)；

H——挖土深度(m)；

(3)挖基坑土方：

$$V = 挖基坑长度 \times 挖基坑宽度 \times 挖土深度$$

三、相关说明

(1)挖土方平均厚度应按自然地面测量标高至设计地坪标高的平均厚度确定。基础土方开挖深度应按基础垫层底表面标高至交付施工场地标高确定，无交付施工场地标高时，应按自然地面标高确定。

(2)挖沟槽、基坑、一般土方因工作面和放坡增加的工程量(管沟工作面增加的工程量)是否并入各土方工程量中，按各省、自治区、直辖市或行业建设主管部门的规定实施，如并入各土方工程量，办理工程结算时，按经发包人认可的施工组织设计规定计算，编制工程量清单时，可按表3-6~表3-8规定计算。

(3)挖方出现流砂、淤泥时，如设计未明确，在编制工程量清单时，其工程数量可为暂估量，结算时：应根据实际情况由发包人与承包人双方现场签证确认工程量。

(4)管沟土方项目适用于管道(给水排水、工业、电力、通信)、光(电)缆沟[包括：人(手)孔桩、接口坑]及连接井(检查井)等。

表3-6 放坡系数表

土类别	放坡起点/m	人工挖土	机械挖土		
			在坑内作业	在坑上作业	顺沟槽在坑上作业
一、二类土	1.20	1∶0.5	1∶0.33	1∶0.75	1∶0.5
三类土	1.50	1∶0.33	1∶0.25	1∶0.67	1∶0.33
四类土	2.00	1∶0.25	1∶0.10	1∶0.33	1∶0.25

注：①沟槽、基坑中土类别不同时，分别按其放坡起点、放坡系数，依不同土类别厚度加权平均计算。
②计算放坡时，在交接处的重复工程量不予扣除，原槽、坑做基础垫层时，放坡自垫层上表面开始计算。

表3-7 基础施工所需工作面宽度计算表

基础材料	每边各增加工作面宽度/mm
砖基础	200
浆砌毛石、条石基础	150
混凝土基础垫层支模板	300
混凝土基础支模板	300
基础垂直面做防水层	1 000（防水层面）

注：本表按《全国统一建筑工程预算工程量计算规则》（GJDGZ—101—1995）整理。

表3-8 管沟施工每侧所需工作面宽度计算表

管道结构宽/mm 管沟材料	≤500	≤1 000	≤2 500	>2 500
混凝土及钢筋混凝土管道/mm	400	500	600	700
其他材质管道/mm	300	400	500	600

注：①本表按《全国统一建筑工程预算工程量计算规则》（GJDGZ—101—1995）整理。
②管道结构宽：有管座的按基础外缘，无管座的按管道外径。

案例解析

任务单：根据1#生产车间图纸，对该工程Ⓐ轴/①轴间的 ZJ1 的土方开挖工程进行计量。

解析： $V=$ 挖基坑长度×挖基坑宽度×挖土深度

工程量清单编制表见表3-9。

土方开挖工程计量

表3-9 工程量清单编制表

工程名称：1#生产车间

序号	项目编码	项目名称	项目特征	计量单位	工程量	金额/元		
						综合单价	合价	其中
								暂估价

知识拓展

掌握留工作面、放坡、支挡土板三种情况土方工程量的计算方法。

一、挖沟槽

(1) 留工作面：为施工方便，增加的挖土底宽(图3-3)。

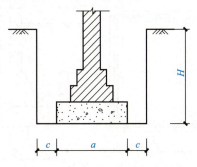

图3-3 有工作面不放坡地槽示意

计算公式：
$$V = L(a+2c)H$$

式中 a——基础垫层宽；
  c——工作面宽度；
  H——沟槽深度；
  K——放坡系数；
  L——沟槽长度。

(2) 留工作面并放坡：为施工安全(壁土坍塌)，增加挖土上口宽 b(图3-4)。

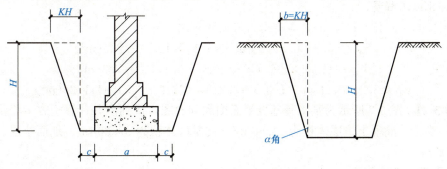

图3-4 有工作面放坡地槽示意

放坡系数：
$$K = \tan\alpha = b/H$$

计算公式：
$$V = L(a+2c+kH)H$$

(3) 支挡土板：挖沟槽、基坑需支挡土板时，其挖土宽度按图示沟槽、基坑底宽，单面加10 cm，双面加20 cm计算(图3-5)。

计算公式：$V = L(a+2c+0.2)H$

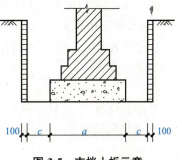

图3-5 支挡土板示意

【例3-1】某建筑物基础平面及剖面如图3-6所示。已知工作面 $c=300$ mm，土质为二类土。要求挖出土方堆于现场，回填后余下的土外运。试对土石方工程相关项目进行列项，并计算各分项工程量。

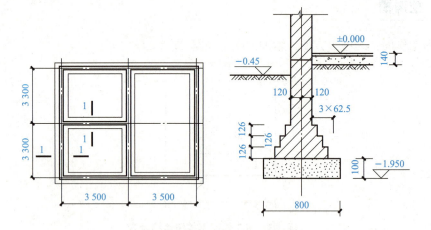

图 3-6 某建筑物基础平面及剖面图

【解】(1)列项：平整场地、人工挖沟槽、回填土、运土。
(2)工程量计算：
1)基数计算：$L_{外中}=(3.5×2+3.3×2)×2=27.2(m)$
$L_{外外}=(3.5×2+0.24+3.3×2+0.24)×2=28.16(m)$
2)平整场地工程量：
$$S=(3.5×2+0.24+4)×(3.3×2+0.24+4)=121.84(m^2)$$
3)挖土方工程量：
$H=1.95-0.45=1.5(m)$，二类土，需放坡开挖，$K=0.5$。
$$S_{截}=(0.8+0.3×2+0.5×1.5)×1.5=3.225(m^2)$$
$$L_{内净}=(3.3×2-0.7×2)+(3.5-0.7×2)=7.3(m)$$
$$V_{挖}=3.225×(L_{外中}+L_{内净})=3.225×(27.2+7.3)=111.26(m^3)$$

【例 3-2】 图 3-7 所示为某工程基础平面图和剖面图，试列项并计算土方工程量。已知土壤为一类土、混凝土垫层体积为 14.68 m³，砖基础体积为 37.30 m³，地面垫层、面层厚度共 85 mm。

【解】(1)基数计算。
$L_{外}=(11.88+10.38)×2=44.52(m)$
$L_{中}=44.52-4×0.36=43.08(m)$
$L_{内}=(4.8-0.12×2)×4+(9.9-0.12×2)×2=37.56(m)$
$S_{底}=11.88×10.38=123.31(m^2)$
(2)工程量计算。
1)平整场地：$S=(11.88+4)×(10.38+4)=228.35(m^2)$
2)挖地槽：
$$V=(B+2C)×H×L$$
外墙挖地槽 $V_{外}=(1.0+2×0.3)×1.1×43.08=75.82(m^3)$
内墙挖地槽净长

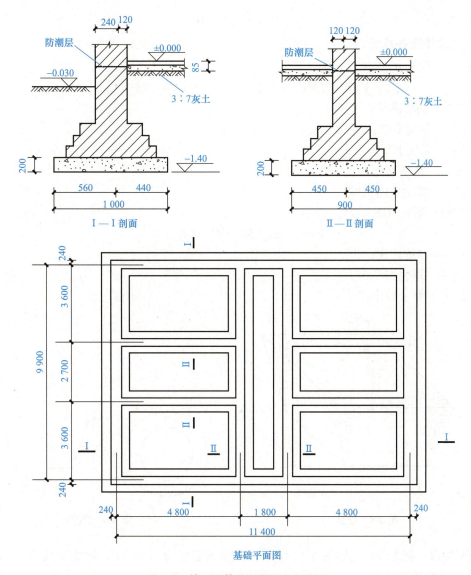

图 3-7　某工程基础平面图和剖面图

$$L_{净}=(9.9-0.44\times2-0.3\times2)\times2+(4.8-0.44-0.45-0.3\times2)\times4$$
$$=16.84+13.24=30.08(m)$$

则内墙挖地槽

$$V_{内}=(0.9+0.3\times2)\times1.1\times30.08=49.63(m^3)$$
$$V_{总}=75.82+49.63=125.45(m^3)$$

二、挖基坑

1. 留工作面

(1) 方形或长方形。

$$V=(a+2C)\times(b+2C)\times H$$

(2) 圆形。

$$V=\pi\times R^2\times H$$

2. 留工作面并放坡

(1)方形或长方形(棱台)(图 3-8)。

$$V=1/6H[a\times b+a'\times b'+(a+a')\times(b+b')]$$

式中　V——基坑体积；
　　　a——基坑上口长度；
　　　b——基坑上口宽度；
　　　A'——基坑底面长度；
　　　b'——基坑底面宽度。

(2)圆形(圆台)(图 3-9)。

$$V=1/3\pi H(R_1^2+R_2^2+R_1R_2)$$

式中　V——基坑体积；
　　　R_1——坑底半径；
　　　R_2——坑上口半径。

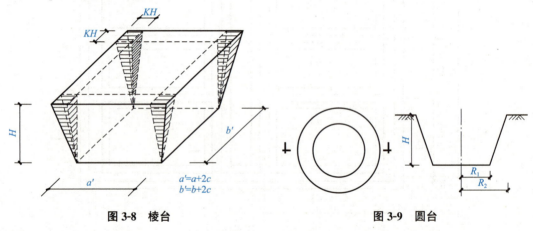

图 3-8　棱台　　　　　　　　　图 3-9　圆台

【例 3-3】 挖方形地坑如图 3-10 所示，工作面宽度为 150 mm，放坡系数为 1：0.25，四类土。计算其工程量。

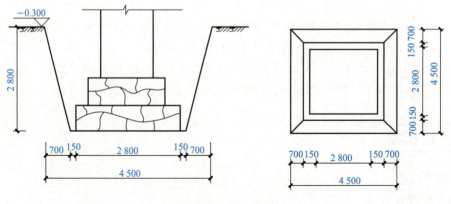

图 3-10　方形地坑

【解】
$$V = (a+2C+KH) \times (b+2C+KH) \times H + 1/3 \times K^2 H^3$$
$$= (2.8+0.15 \times 2+0.25 \times 2.8) \times 2 \times 2.8 + 1/3 \times 0.25^2 \times 2.8^3$$
$$= (2.8+0.3+0.7) \times 5.6 + 1/3 \times 0.0625 \times 21.952$$
$$= 21.74 \text{ m}^3$$

能力三　土方回填工程量计算

学习目标

1. 能区分场地回填、基础回填、室内回填；
2. 能掌握回填土方工程量计算规则及计算公式；
3. 能正确计算回填土方工程量并编制工程量清单；
4. 能培养学生良好的人际沟通、团队协作能力。

规范学习

土方回填工程规范内容见表3-10。

表3-10　土方回填工程规范内容

项目编码	项目名称	项目特征	计量单位	工程量计算规则	工作内容
010103001	回填方	1. 密实度要求 2. 填方材料品种 3. 填方粒径要求 4. 填方来源、运距	m³	按设计图示尺寸以体积计算。 1. 场地回填：回填面积乘平均回填厚度 2. 室内回填：主墙间面积乘回填厚度，不扣除间隔墙。 3. 基础回填：挖方清单项目工程量减去自然地坪以下埋设的基础体积(包括基础垫层及其他构筑物)	1. 运输 2. 回填 3. 压实
010103002	余方弃置	1. 废弃料品种 2. 运距	m³	按挖方清单项目工程量减利用回填方体积(正数)计算	余方点装料运输至弃置点

相关知识

一、适用范围

土方回填项目适用场地回填、室内回填和基础回填，并包括指定范围内的土方运输及借土回填的土方开挖。

二、计算公式

(1) 场地回填：$V =$ 回填面积 $\times$ 平均回填厚度。

(2)室内回填：V＝主墙间面积×回填厚度(不扣除间隔墙)。

(3)基础回填：V＝挖方体积－自然地坪以下埋设的基础体积(包括基础垫层及其他构筑物)。

(4)余方弃置：V＝挖方清单项目工程量－利用回填方体积(正数)。

(5)缺方内运：V＝挖方清单项目工程量－利用回填方体积(负数)。

三、相关说明

(1)弃、取土运距可以不描述，但应注明由投标人根据施工现场实际情况自行考虑，决定报价。

(2)注意：

1)填方密实度要求，在无特殊要求情况下，项目特征可描述为满足设计和规范的要求。

2)填方材料品种可以不描述，但应注明由投标人根据设计要求验方后方可填入，并符合相关工程的质量规范要求。

3)填方粒径要求，在无特殊要求情况下，项目特征可以不描述。

【例3-4】 某建筑物基础的平面图、剖面图如图3-11所示。已知室外设计地坪以下各工程量：垫层体积为2.4 m³，砖基础体积为16.24 m³。试求该建筑物平整场地、挖土方、回填土、房心回填土、余土运输工程量(不考虑挖填土方的运输)，人工装土翻斗车运土，运距为300 m。图中尺寸均以mm计。放坡系数K＝0.33，工作面宽度c＝300 mm。

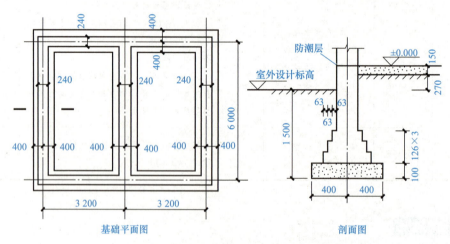

图3-11 某建筑物基础的平面图、剖面图
(a)基础平面图；(b)剖面图

【解】(1)平整场地面积：
$$F=(a+4)\times(b+4)=(3.2\times2+0.24+4)\times(6+0.24+4)=108.95(m^2)$$

(2)挖地槽体积(按垫层下表面放坡计算)：

$V_1=H(a+2c+K\times H)L$
$=1.5\times(0.8+2\times0.3+0.33\times1.5)\times[(6.4+6)\times2+(6-0.4\times2-0.3\times2)]$
$=83.57(m^3)$

(3) 基础回填体积：

V_2 = 挖土体积 — 室外地坪以下埋设的砌筑量 = 83.57 — 2.4 — 16.24 = 64.93(m³)

(4) 房心回填土体积：

V_3 = 室内地面面积 × h = (3.2 — 0.24) × (6 — 0.24) × 2 × 0.27 = 9.21(m³)

(5) 余土运输体积：

V_4 = 挖土体积 — 基础回填土体积 — 房心回填土体积 = 83.50 — 64.86 — 9.21 = 9.43(m³)

案例解析

任务单：根据1#生产车间图纸，对该工程Ⓐ轴/①轴间的 ZJ1 的土方回填工程进行计量。

解析：V = 挖方体积 — 自然地坪以下埋设的基础体积（包括基础垫层及其他构筑物）

工程量清单编制表见表3-11。

土方回填工程计量

表3-11 工程量清单编制表

工程名称：1#生产车间

序号	项目编码	项目名称	项目特征	计量单位	工程量	金额/元		
						综合单价	合价	其中：暂估价

任务三　地基处理与边坡支护工程量清单的编制

思维导图

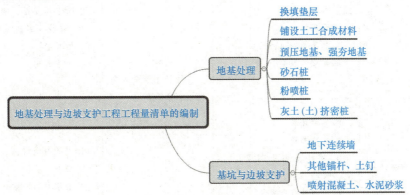

能力一　地基处理工程量计算

学习目标

1. 了解"计算规范"中地基处理工程清单项目的设置；
2. 掌握各项目工程量计算规则及计算公式；
3. 能正确计算换填垫层的工程量并编制工程量清单；
4. 培养学生耐心、专注、吃苦耐劳、爱岗敬业的工匠精神。

规范学习

地基处理规范内容见表3-12。

表3-12　地基处理规范内容

项目编码	项目名称	项目特征	计量单位	工程量计算规则	工作内容
010201001	换填垫层	1. 材料种类及配比 2. 压实系数 3. 掺加剂品种	m³	按设计图示尺寸以体积计算	1. 分层铺填 2. 碾压、振密或夯实 3. 材料运输
010201002	铺设土工合成材料	1. 部位 2. 品种 3. 规格		按设计图示尺寸以面积计算	1. 挖填锚固沟 2. 铺设 3. 固定 4. 运输
010201003	预压地基	1. 排水竖井种类、断面尺寸、排列方式、间距、深度 2. 预压方法 3. 预压荷载、时间 4. 砂垫层厚度	m²	按设计图示处理范围以面积计算	1. 设置排水竖井、盲沟、滤水管 2. 铺设砂垫层、密封膜 3. 堆载、卸载或抽气设备安拆、抽真空 4. 材料运输
010201004	强夯地基	1. 夯击能量 2. 夯击遍数 3. 夯击点布置形式、间距 4. 地基承载力要求 5. 夯填材料种类			1. 铺设夯填材料 2. 强夯 3. 夯填材料运输

续表

项目编码	项目名称	项目特征	计量单位	工程量计算规则	工作内容
010201007	砂石桩	1. 地层情况 2. 空桩长度、桩长 3. 桩径 4. 成孔方法 5. 材料种类、级配	1. m 2. m³	1. 以米计量，按设计图示尺寸以桩长（包括桩尖）计算 2. 以立方米计量，按设计桩截面乘以桩长（包括桩尖）以体积计算	1. 成孔 2. 填充、振实 3. 材料运输
010201010	粉喷桩	1. 地层情况 2. 空桩长度、桩长 3. 桩径 4. 粉体种类、掺量 5. 水泥强度等级、石灰粉要求	m	按设计图示尺寸以桩长计算	1. 预搅下钻、喷粉搅拌提升成桩 2. 材料运输
010201014	灰土（土）挤密桩	1. 地层情况 2. 空桩长度、桩长 3. 桩径 4. 成孔方法 5. 灰土级配		按设计图示尺寸以桩长（包括桩尖）计算	1. 成孔 2. 灰土拌和、运输、填充、夯实

相关知识

一、适用范围

地基处理工程包括换填垫层、铺设土工合成材料、预压地基、强夯地基、振冲密实（不填料）、振冲桩（填料）、砂石桩、水泥粉煤灰碎石桩、深层搅拌桩、粉喷桩、夯实水泥土桩、高压喷射注浆桩、石灰桩、灰土（土）挤密桩、柱锤冲扩桩、注浆地基、褥垫层。

二、计算公式

(1) 换填垫层：$V=$ 长度×宽度×厚度。
(2) 铺设土工合成材料：$S=$ 按设计图示面积。

(3)预压地基、强夯地基：S＝设计图示处理范围面积。
(4)砂石桩：以 m 计算，L＝桩长×根数。
　　　　　以 m³ 计算，V＝桩长×桩截面面积×根数。
(5)粉喷桩：以 m 计算，L＝桩长×根数。
(6)灰土(土)挤密桩：以 m 计算，L＝桩长×根数。

三、相关说明

(1)地层情况按表 3-2 的规定，并根据岩土工程勘察报告按单位工程各地层所占比例(包括范围值)进行描述。对无法准确描述的地层情况，可注明由投标人根据岩土工程勘察报告自行决定报价。

(2)项目特征中的桩长应包括桩尖，空桩长度＝孔深－桩长，孔深为自然地面至设计桩底的深度。

(3)高压喷射注浆类型包括旋喷、摆喷、定喷，高压喷射注浆方法包括单管法、双重管法、三重管法。

(4)复合地基的检测费用按国家相关取费标准单独计算，不在本清单项目中。

(5)如采用泥浆护壁成孔，工作内容包括土方、废泥浆外运，如采用沉管灌注成孔，工作内容包括桩尖制作、安装。

(6)弃土(不含泥浆)清理、运输按"计算规范"附录 A 中相关项目编码列项。

【例 3-5】 某场地采用强夯地基的方法进行地基加固，夯击点布置如图 3-12 所示，夯击能量为 400 t·m，每坑击数为 6 击，要求第一遍、第二遍按设计的分隔点夯击，第三遍为低锤满夯，计算其清单工程量并编制分部分项工程量清单。

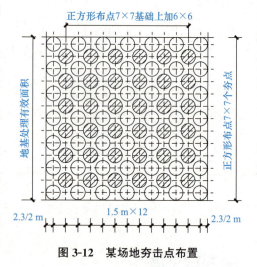

图 3-12 某场地夯击点布置

【解】 强夯地基工程量＝(1.5×12＋2.3)×(1.5×12＋2.3)＝412.09(m²)
工程量清单编制表见表 3-13。

表 3-13 工程量清单编制表

工程名称：某场地

序号	项目编码	项目名称	项目特征	计量单位	工程量	金额/元		
						综合单价	合价	其中 暂估价
1	010201004001	强夯地基	1. 夯击能量：400 t·m； 2. 夯击遍数：3 遍(第 3 遍为低锤满夯)，每坑 6 击； 3. 夯击点布置形式、间距：见夯击点布置图	m²	412.09			

【例 3-6】 某施工项目采用砂石桩进行地基处理。设计按净砂∶砾石(3～7 cm)＝4∶6，人工配制砂石，共 500 根，桩径为 300 mm，单根桩长为 16.0 m，试计算此砂石桩工程量。

【解】 (1)以米计量，按设计图示尺寸以桩长(包括桩尖)计算：

$$砂石桩工程量＝16.0×500＝8\ 000.00(m)$$

(2)以立方米计量，按设计桩截面乘以桩长(包括桩尖)以体积计算：

$$砂石桩工程量＝16.0×\pi×0.3^2×500＝2\ 260.80(m^3)$$

案例解析

任务单： 根据 1# 生产车间图纸，对该工程三七灰土垫层工程进行计量。

解析： $V＝长度×宽度×厚度$

工程量清单编制表见表 3-14。

三七灰土垫层工程计量

表 3-14 工程量清单编制表

工程名称：1# 生产车间

序号	项目编码	项目名称	项目特征	计量单位	工程量	金额/元		其中
						综合单价	合价	暂估价

知识拓展

一、预压地基

预压地基是对软土地基施加压力，使其排水固结来达到加固地基的目的。按加载方法的不同，预压地基可分为堆载预压(图 3-13)地基、真空预压(图 3-14)地基、降水预压(图 3-15)地基三种。

图 3-13 堆载预压

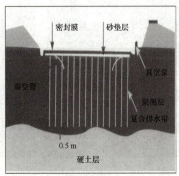

图 3-14 真空预压

图 3-15 降水预压

二、强夯地基

强夯地基(图 3-16),是用起重机械吊起质量为 8~30 t 的夯锤,从 6~30 m 高处落下,给地基土以强大的冲击力,迫使土层孔隙压缩,土体局部液化,在夯击点周围产生裂隙,形成良好的排水通道,孔隙水和气体逸出,使土粒重新排列,经时效压密达到固结,从而提高地基承载力。

图 3-16　强夯地基

三、砂石桩

振动沉管砂石桩(图 3-17),是振动沉管砂石桩和振动沉管碎石桩的简称。振动沉管砂石桩是在振动机的振动作用下,将套管打入规定的设计深度,套管入土后,挤密了周围土体,然后投入砂石,再排砂石于土中,振动密实成桩,多次循环后就成为砂石桩。也可采用锤击沉管方法。桩与桩间土形成复合地基,从而提高地基的承载力和防止砂土振动液化,也可用于增大软弱黏性土的整体稳定性。其处理深度可达 10 m。

图 3-17　振动沉管砂石桩

四、粉喷桩

粉喷桩属于深层搅拌法加固地基方法的一种形式,也称加固土桩。深层搅拌法是加固饱和软黏土地基的一种新颖方法,是利用水泥、石灰等材料作为固化剂的主剂,通过特制的搅拌机械就地将软土和固化剂(浆液状和粉体状)强制搅拌,利用固化剂和软土之间所产生的一系列物理—化学反应,使软土硬结成具有整体性、水稳性和一定强度的优质地基。

粉喷桩适用加固各种成因的饱和软黏土,目前,国内常用于加固淤泥、淤泥质土、粉土和含水量较高的黏性土。

五、灰土(土)挤密桩

灰土(土)挤密桩(图 3-18),是利用锤击(或冲击、爆破等方法)将钢管打入土中侧向挤密成孔,将管拔出后,将灰土(土)填入,并分层夯实,以提高地基的承载力或水稳性。

灰土(土)挤密桩适用处理地下水水位以上的湿陷性黄土、素填土和杂填土等地基,可处理的地基深度为 5~15 m。当以消除地基土的湿陷性为主要目的时,宜选用土挤密桩法。当以提高地基土的承载力或增强其水稳定为主要目的时,宜选用灰土挤密桩法。当地基土含水量大于 24%、饱和度大于 0.65 时,打管成孔质量不好,且易对邻近已回填的桩体造成破坏,拔管后容易缩颈,这种情况下不宜采用灰土(土)挤密桩。

图 3-18 灰土(土)挤密桩

能力二 基坑与边坡支护工程量计算

> **学习目标**
>
> 1. 能了解"计算规范"中基坑与边坡支护工程清单项目的设置;
> 2. 能掌握各项目工程量计算规则及计算公式;
> 3. 能正确计算各项工程量并编制工程量清单;
> 4. 能培养学生对未来职业岗位资格、执业资格获取能力。

> **规范学习**

基坑与边坡支护规范内容见表 3-15。

表 3-15 基坑与边坡支护规范内容

项目编码	项目名称	项目特征	计量单位	工程量计算规则	工作内容
010202001	地下连续墙	1. 地层情况 2. 导墙类型、截面 3. 墙体厚度 4. 成槽深度 5. 混凝土类别、强度等级 6. 接头形式	m³	按设计图示墙中心线长乘以厚度乘以槽深以体积计算	1. 导墙挖填、制作、安装、拆除 2. 挖土成槽、固壁、清底置换 3. 混凝土制作、运输、灌注、养护 4. 接头处理 5. 土方、废泥浆外运 6. 打桩场地硬化及泥浆池、泥浆沟
010202008	土钉	1. 地层情况 2. 钻孔深度 3. 钻孔直径 4. 置入方法 5. 杆体材料品种、规格、数量 6. 浆液种类、强度等级	1. m 2. 根	1. 以米计量,按设计图示尺寸以钻孔深度计算 2. 以根计量,按设计图示数量计算	1. 钻孔、浆液制作、运输、压浆 2. 土钉制作、安装 3. 土钉施工平台搭设、拆除
010202009	喷射混凝土、水泥砂浆	1. 部位 2. 厚度 3. 材料种类 4. 混凝土(砂浆)类别、强度等级	m²	按设计图示尺寸以面积计算	1. 修整边坡 2. 混凝土(砂浆)制作、运输、喷射、养护 3. 钻排水孔、安装排水管 4. 喷射施工平台搭设、拆除

> **相关知识**

一、适用范围

基坑与边坡支护工程包括地下连续墙,咬合灌注桩,圆木桩,预制钢筋混凝土板桩,型钢桩,钢板桩,锚杆(锚索),土钉,喷射混凝土、水泥砂浆,钢筋混凝土支撑,钢支撑。

二、计算公式

(1)地下连续墙:$V = L_{墙中心线长} \times H_{槽深}$。

(2)锚杆(锚索)土钉。

1)以米计量，L＝设计图示钻孔深度。
2)以根计量，n＝设计图示数量。
(3)喷射混凝土、水泥砂浆：S＝设计图示尺寸以面积计算。

三、相关说明

(1)地层情况按表 3-2 的规定，并根据岩土工程勘察报告按单位工程各地层所占比例(包括范围值)进行描述。对无法准确描述的地层情况，可注明由投标人根据岩土工程勘察报告自行决定报价。

(2)土钉置入方法包括钻孔置入、打入或射入等。

(3)混凝土种类：指清水混凝土、彩色混凝土等，如在同一地区既使用预拌(商品)混凝土，又允许现场搅拌混凝土时，也应注明。

(4)地下连续墙和喷射混凝土(砂浆)的钢筋网、咬合灌注桩的钢筋笼及钢筋混凝土支撑的钢筋制作、安装，按"计算规范"附录 E 中相关项目编码列项。本分部未列的基坑与边坡支护的排桩按"计算规范"附录 C 中相关项目编码列项。水泥土墙、坑内加固按"计算规范"表 B.1 中相关项目编码列项。砖、石挡土墙、护坡按"计算规范"附录 D 中相关项目编码列项。混凝土挡土墙按"计算规范"附录 E 中相关项目编码列项。

知识拓展

一、地下连续墙

地下连续墙(图 3-19)，是基础工程在地面上采用一种挖槽机械，在泥浆护壁条件下，开挖一条狭长的深槽，清槽后，在槽内吊放钢筋笼，然后用导管法浇筑水下混凝土，筑成一个单元槽段，如此逐段进行，在地下筑成一道连续的钢筋混凝土墙壁，作为截水、防渗、承重和挡水结构。

图 3-19 地下连续墙

二、土钉

土钉(图 3-20),是指在需要加固的土体中设置一排土钉(变形钢筋或钢管、角钢等),并灌浆,在加固的土体面层上固定钢丝网后,喷射混凝土面层,所形成的支护。

图 3-20 土钉

【例 3-7】 某地下室工程采用地下连续墙做基坑挡土和地下室外墙。设计墙身轴线长为 80 m、轴线宽为 60 m,各两道围成封闭状态,自然地坪标高为 -0.600 m,墙底标高为 -12.000 m,墙顶标高为 -3.600 m,墙厚为 1.000 m,C35 商品混凝土浇筑;导墙采用现浇倒 L 形 C30 混凝土浇筑,接头形式采用接头管接头,导沟范围内土质为三类土;现场余土及泥浆必须外运至 5 km 处弃置。试编制该地下连续墙的分部分项工程量清单。

【解】 根据地下连续墙工程量清单计算规则,地下连续墙按设计图示墙中心线乘以厚度乘以槽深以体积计算。可知:

地下连续墙工程量 = $(80.0+60.0) \times 2 \times 1.0 \times 11.40 = 3\ 192.00 (m^3)$

工程量清单编制表见表 3-16。

表 3-16 工程量清单编制表

工程名称:某地下室工程

序号	项目编码	项目名称	项目特征	计量单位	工程量	金额/元		
						综合单价	合价	其中暂估价
1	010202001001	地下连续墙	1. 地层情况:三类土; 2. 导墙类型、截面:现浇倒 L 形导墙; 3. 墙体厚度:1.0 m; 4. 成槽深度:11.40 m; 5. 混凝土种类、强度等级:C35 商品混凝土; 6. 接头形式:接头管接头	m³	3 192.00			

任务四　桩基工程量清单的编制

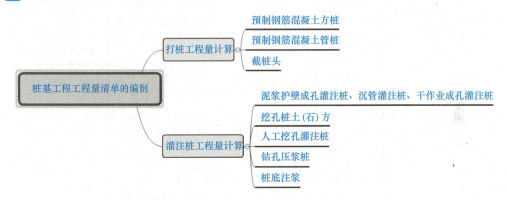

能力一　打桩工程量计算

学习目标

1. 能了解"计算规范"中打桩工程清单项目的设置；
2. 能掌握各项目工程量计算规则及计算公式；
3. 能正确计算各项工程量并编制工程量清单；
4. 能培养学生严谨的治学态度。

规范学习

打桩工程规范内容见表 3-17。

表 3-17　打桩工程规范内容

项目编码	项目名称	项目特征	计量单位	工程量计算规则	工作内容
010301001	预制钢筋混凝土方桩	1. 地层情况 2. 送桩深度、桩长 3. 桩截面 4. 桩倾斜度 5. 沉桩方法 6. 接桩方式 7. 混凝土强度等级	1. m	1. 以米计量，按设计图示尺寸以桩长（包括桩尖）计算 2. 以立方米计量，按设计图示截面面积乘以桩长（包括桩尖）以实体积计算 3. 以根计量，按设计图示数量计算	1. 工作平台搭拆 2. 桩机竖拆、移位 3. 沉桩 4. 接桩 5. 送桩

45

续表

项目编码	项目名称	项目特征	计量单位	工程量计算规则	工作内容
010301002	预制钢筋混凝土管桩	1. 地层情况 2. 送桩深度、桩长 3. 桩外径、壁厚 4. 桩倾斜度 5. 沉桩方法 6. 桩尖类型 7. 混凝土强度等级 8. 填充材料种类 9. 防护材料种类	1. m 2. m³ 3. 根	1. 以米计量,按设计图示尺寸以桩长(包括桩尖)计算 2. 以立方米计量,按设计图示截面面积乘以桩长(包括桩尖)以实体积计算 3. 以根计量,按设计图示数量计算	1. 工作平台搭拆 2. 桩机竖拆、移位 3. 沉桩 4. 接桩 5. 送桩 6. 桩尖制作安装 7. 填充材料、刷防护材料
010301003	钢管桩	1. 地层情况 2. 送桩深度、桩长 3. 材质 4. 管径、壁厚 5. 桩倾斜度 6. 沉桩方法 7. 填充材料种类 8. 防护材料种类	1. t 2. 根	1. 以吨计量,按设计图示尺寸以质量计算 2. 以根计量,按设计图示数量计算	1. 工作平台搭拆 2. 桩机竖拆、移位 3. 沉桩 4. 接桩 5. 送桩 6. 切割钢管、精割盖帽 7. 管内取土 8. 填充材料、刷防护材料
010301004	截(凿)桩头	1. 桩类型 2. 桩头截面、高度 3. 混凝土强度等级 4. 有无钢筋	1. m³ 2. 根	1. 以立方米计量,按设计桩截面乘以桩头长度以体积计算 2. 以根计量,按设计图示数量计算	1. 截(切割)桩头 2. 凿平 3. 废料外运

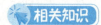

一、适用范围

打桩项目适用预制钢筋混凝土方桩、预制钢筋混凝土管桩、钢管桩、截(凿)桩头。

二、计算公式

1. 预制钢筋混凝土方桩、预制钢筋混凝土管桩

(1)以米计量,$L=$设计图示桩长(包括桩尖)。

(2)以根计量,$n=$设计图示数量。

2. 钢管桩

(1)以吨计量,工程量=设计图示尺寸质量。

(2)以根计量,n=设计图示数量。

3. 截(凿)桩头

(1)以立方米计量,V=桩截面×桩头长度。

(2)以根计量,n=设计图示数量。

三、相关说明

(1)地层情况按表 3-2 的规定,并根据岩土工程勘察报告按单位工程各地层所占比例(包括范围值)进行描述。对无法准确描述的地层情况,可注明由投标人根据岩土工程勘察报告自行决定报价。

(2)项目特征中的桩截面、混凝土强度等级、桩类型等可直接用标准图代号或设计桩型进行描述。

(3)预制钢筋混凝土方桩、预制钢筋混凝土管桩项目以成品桩编制,应包括成品桩购置费,如果用现场预制桩,应包括现场预制的所有费用。

(4)打试验桩和打斜桩应按相应项目编码单独列项,并应在项目特征中注明试验桩或斜桩(斜率)。

(5)桩基础的承载力检测、桩身完整性检测等费用按国家相关取费标准单独计算,不在本清单项目中。

(6)送桩深度、桩长:送桩深度=自然地面标高-桩顶标高。桩长,是指桩尖(桩底)至桩承台底的长度。

(7)接桩方式:主要有型钢焊接接桩、硫黄胶泥接桩。

【例 3-8】 某工程采用预制钢筋混凝土方桩(图 3-21),桩截面为 400 mm×400 mm,桩长为 10.0 m(包含桩尖),共 300 根,混凝土强度等级为 C30,土质为三类土,采用轨道式柴油打桩机打桩。送桩深度 2.0 m。试编制其分部分项工程量清单。

【解】 根据预制钢筋混凝土方桩清单工程量计算规则:以米计量,按设计图示尺寸以桩长(包括桩尖)计算;以立方米计量,按设计图示截面面积乘以桩长(包括桩尖)以实体积计算;以根计量,按设计图示数量计算。

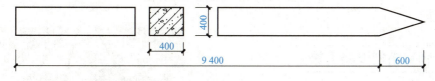

图 3-21 预制钢筋混凝土方桩

可知:

预制钢筋混凝土方桩工程量=300 根

工程量清单编制表见表 3-18。

表 3-18　工程量清单编制表

工程名称：某工程

序号	项目编码	项目名称	项目特征	计量单位	工程量	金额/元		
						综合单价	合价	其中 暂估价
1	010301001001	预制钢筋混凝土方桩	1. 地层情况：三类土； 2. 送桩深度、桩长：2.0 m，10.0 m； 3. 桩截面：400 mm×400 mm； 4. 沉桩方法：轨道式柴油打桩机打桩； 5. 混凝土强度等级：C30	根	300			

一、预制钢筋混凝土方桩

预制钢筋混凝土方桩(图 3-22)，是采用振动或离心成型、外周截面为正方形的、用作桩基的预制钢筋混凝土构件。

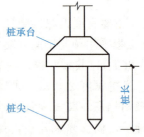

图 3-22　预制钢筋混凝土方桩

二、预制钢筋混凝土管桩

预制钢筋混凝土管桩(图 3-23)，是管状的预制钢筋混凝土桩，是在工厂或施工现场制作的，然后运输到施工现场，用沉桩设备打入、压入或振入土层中的钢筋混凝土预制空心筒体构件。

图 3-23　预制钢筋混凝土管桩

三、截(凿)桩头

(1)截桩头(图3-24):是指预制桩在打桩过程中,将没有打下去且高出设计标高的那部分桩体截去的情况。

(2)凿桩头:桩基施工时,为了保证桩头质量,灌注的混凝土一般都要高出桩顶设计标高500 mm。凿桩头就是将桩基顶部多余的部分凿掉,使它们的顶标高符合设计要求。

图3-24 截桩头

能力二 灌注桩工程量计算

学习目标

1. 能了解灌注桩工程清单项目的设置;
2. 能掌握各项目工程量计算规则及计算公式;
3. 能正确计算各项工程量并编制工程量清单;
4. 能培养学生对未来职业岗位资格、执业资格获取能力。

规范学习

灌注桩工程规范内容见表3-19。

表3-19 灌注桩工程规范内容

项目编码	项目名称	项目特征	计量单位	工程量计算规则	工作内容
010302001	泥浆护壁成孔灌注桩	1. 地层情况 2. 空桩长度、桩长 3. 桩径 4. 成孔方法 5. 护筒类型、长度 6. 混凝土种类、强度等级	1. m 2. m³ 3. 根	1. 以米计量,按设计图示尺寸以桩长(包括桩尖)计算 2. 以立方米计量,按不同截面在桩上范围内以体积计算 3. 以根计量,按设计图示数量计算	1. 护筒埋设 2. 成孔、固壁 3. 混凝土制作、运输、灌注、养护 4. 土方、废泥浆外运 5. 打桩场地硬化及泥浆池、泥浆沟
010302002	沉管灌注桩	1. 地层情况 2. 空桩长度、桩长 3. 复打长度 4. 桩径 5. 沉管方法 6. 桩尖类型 7. 混凝土种类、强度等级			1. 打(沉)拔钢管 2. 桩尖制作、安装 3. 混凝土制作、运输、灌注、养护

续表

项目编码	项目名称	项目特征	计量单位	工程量计算规则	工作内容
010302003	干作业成孔灌注桩	1. 地层情况 2. 空桩长度、桩长 3. 桩径 4. 扩孔直径、高度 5. 成孔方法 6. 混凝土种类、强度等级	1. m 2. m³ 3. 根	1. 以米计量，按设计图示尺寸以桩长（包括桩尖）计算 2. 以立方米计量，按不同截面在桩上范围内以体积计算 3. 以根计量，按设计图示数量计算	1. 成孔、扩孔 2. 混凝土制作、运输、灌注、振捣、养护
010302004	挖孔桩土(石)方	1. 地层情况 2. 挖孔深度 3. 弃土(石)运距	m³	按设计图示尺寸（含护壁）截面积乘以挖孔深度以立方米计算	1. 排地表水 2. 挖土、凿石 3. 基底钎探 4. 运输
010302005	人工挖孔灌注桩	1. 桩芯长度 2. 桩芯直径、扩底直径、扩底高度 3. 护壁厚度、高度 4. 护壁混凝土种类、强度等级 5. 桩芯混凝土种类、强度等级	1. m³ 2. 根	1. 以立方米计量，按桩芯混凝土体积计算 2. 以根计量，按设计图示数量计算	1. 护壁制作 2. 混凝土制作、运输、灌注、振捣、养护
010302006	钻孔压浆桩	1. 地层情况 2. 空钻长度、桩长 3. 钻孔直径 4. 水泥强度等级	1. m 2. 根	1. 以米计量，按设计图示尺寸以桩长计算 2. 以根计量，按设计图示数量计算	钻孔、下注浆管、投放骨料、浆液制作、运输、压浆
010302007	灌注桩后压浆	1. 注浆导管材料、规格 2. 注浆导管长度 3. 单孔注浆量 4. 水泥强度等级	孔	按设计图示以注浆孔数计算	1. 注浆导管制作、安装 2. 浆液制作、运输、压浆

 相关知识

一、适用范围

灌注桩项目包括泥浆护壁成孔灌注桩、沉管灌注桩、干作业成孔灌注桩、挖孔桩土(石)方、人工挖孔灌注桩、钻孔压浆桩、灌注桩后压浆。

二、计算公式

(1)泥浆护壁成孔灌注桩、沉管灌注桩、干作业成孔灌注桩：
1)以米计量，$L=$设计图示桩长(包括桩尖)。
2)以立方米计量，$V=$不同截面在桩上范围内体积。
3)以根计量，$n=$设计图示数量。
(2)挖孔桩土(石)方：$V=$截面面积×挖孔深度。
(3)人工挖孔灌注桩：
以立方米计量，$V=$桩芯混凝土体积。
以根计量，$n=$设计图示数量。
(4)钻孔压浆桩：
以米计量，$L=$桩长。
以根计量，$n=$设计图示数量。
(5)桩底注浆：$n=$设计图示注浆孔数。

三、相关说明

(1)地层情况按表 3-2 的规定，并根据岩土工程勘察报告按单位工程各地层所占比例(包括范围值)进行描述。对无法准确描述的地层情况，可注明由投标人根据岩土工程勘察报告自行决定报价。

(2)项目特征中的桩长应包括桩尖，空桩长度＝孔深－桩长，孔深为自然地面至设计桩底的深度。

(3)项目特征中的桩截面(桩径)、混凝土强度等级、桩类型等可直接用标准图代号或设计桩型进行描述。

(4)泥浆护壁成孔灌注桩是指在泥浆护壁条件下成孔，采用水下灌注混凝土的桩。其成孔方法包括冲击钻成孔、冲抓锥成孔、回旋钻成孔、潜水钻成孔、泥浆护壁的旋挖成孔等。

(5)沉管灌注桩的沉管方法包括锤击沉管法、振动沉管法、振动冲击沉管法、内夯沉管法等。

(6)干作业成孔灌注桩是指不用泥浆护壁和套管护壁的情况下，用钻机成孔后，下钢筋笼，灌注混凝土的桩，适用地下水水位以上的土层使用。其成孔方法包括螺旋钻成孔、螺旋钻成孔扩底、干作业的旋挖成孔等。

(7)混凝土灌注桩的钢筋笼制作、安装，按"计算规范"附录 E 中相关项目编码列项。

【例3-9】 某工程采用排桩进行基坑支护,排桩采用旋挖钻孔灌注桩进行施工。场地地面标高为495.50~496.10 m,桩顶标高为493.50 m,旋挖桩桩径为800 mm,桩长为20.0 m,共166根,采用水下C30商品混凝土浇筑,超灌高度不少于1.0 m。根据地质情况,采用5 mm厚钢护筒,护筒长度不少于3 m。根据项目地质勘察资料可知,一、二类土约占25%,三类土约占20%,四类土约占55%。试列出该排桩分部分项工程量清单。

【解】 根据泥浆护壁成孔灌注桩工程量计算规则:以米计量,按设计图示尺寸以桩长(包括桩尖)计算;以立方米计量,按不同截面在桩上范围内以体积计算;以根计量,按设计图示数量计算。

可知:

$$泥浆护壁成孔灌注桩工程量 = 166 根$$

根据截(凿)桩头工程量计算规则:以立方米计量,按设计桩截面乘以桩头长度以体积计算;以根计量,按设计图示数量计算。

可知:

$$截(凿)桩头工程量 = \pi \times 0.4^2 \times 1.0 \times 166 = 0.5024 \times 166 = 83.40 (m^3)$$

工程量清单编制表见表3-20。

表3-20 工程量清单编制表

工程名称:某工程

序号	项目编码	项目名称	项目特征	计量单位	工程量	金额/元		其中
						综合单价	合价	暂估价
1	010302001001	泥浆护壁成孔灌注桩	1. 地层情况:一、二类土约占25%,三类土约占20%,四类土约占55%; 2. 空桩长度、桩长:2~2.6 m,20 m; 3. 桩径:800 mm; 4. 成孔方法:旋挖钻孔; 5. 护筒类型、长度:5 mm厚钢护筒,不少于3 m; 6. 混凝土种类、强度等级:水下C30商品混凝土; 7. 混凝土强度等级:C30	根	166			
2	010301004001	截(凿)桩头	1. 桩类型:泥浆护壁成孔灌注桩; 2. 桩头截面、高度:0.50 m^2,不少于1 m; 3. 混凝土强度等级:C30; 4. 有无钢筋:有	m^3	83.40			

知识拓展

一、泥浆护壁成孔灌注桩

泥浆护壁成孔灌注桩(图 3-25),是指在泥浆护壁条件下成孔,采用水下灌注混凝土的桩。

二、沉管灌注桩

沉管灌注桩(图 3-26),又称为打拔管灌注桩,是利用沉桩设备,将带有钢筋混凝土桩靴的钢管沉入土中,形成桩孔,然后放入钢筋骨架并浇筑混凝土,随之拔出钢管,利用拔管时的振动,将混凝土捣实,便形成所需要的灌注桩。

三、人工挖孔灌注桩

人工挖孔灌注桩(图 3-27),是指桩孔采用人工挖掘的方法进行成孔,然后安放钢筋笼,浇筑混凝土而成的桩。

图 3-25 泥浆护壁成孔灌注桩　　图 3-26 沉管灌注桩　　图 3-27 人工挖孔灌注桩

四、钻孔压浆桩

钻孔压浆桩,是一种能在地下水水位高、流砂、塌孔等各种复杂条件下进行成孔、成桩,且能使桩体与周围土体致密结合的钢筋混凝土桩。其施工工艺为:钻孔到预定深度,通过钻杆中心孔经钻头的喷嘴向孔内高压喷注制备好的水泥浆液(水胶比 0.56~0.62),至浆液达到地下水水位以上或没有塌孔危险的高度为止,提出全部钻杆后,向孔内放入钢筋笼,并放入至少一根直通孔底的注浆管,然后投入粗集料至孔口,最后通过注浆管向孔内多次高压注浆,直至浆液到孔口为止。

五、灌注桩后压浆

灌注桩后压浆技术,是压浆技术与灌注桩技术的有机结合。其主要有桩端后压浆和桩周后压浆两种。所谓后压浆，就是在桩身混凝土达到预定强度后，用压浆泵将水泥浆通过预置于桩身中的压浆管压入桩周或桩端土层，利用浆液对桩端土层及桩周土进行压密固结、渗透、填充，使之形成高强度新土层及局部扩颈，提高桩端桩侧阻力，提高桩的承载力、减少桩顶沉降。

任务五　砌筑工程工程量清单编制

思维导图

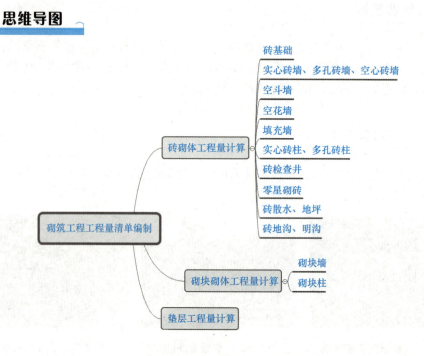

能力一　砖砌体工程量计算

学习目标

1. 能了解砖砌体工程清单项目的设置；
2. 能掌握基础与墙身的划分原则；
3. 能掌握各项目工程量计算规则及计算公式；
4. 能正确计算相关工程量并编制工程量清单；
5. 能培养学生具有良好的工作态度和责任心。

砖砌体工程规范内容见表 3-21。

表 3-21 砖砌体工程规范内容

项目编码	项目名称	项目特征	计量单位	工程量计算规则	工作内容
010401001	砖基础	1. 砖品种、规格、强度等级 2. 基础类型 3. 砂浆强度等级 4. 防潮层材料种类	m^3	按设计图示尺寸以体积计算。 包括附墙垛基础宽出部分体积，扣除地梁（圈梁）、构造柱所占体积，不扣除基础大放脚T形接头处的重叠部分及嵌入基础内的钢筋、铁件、管道、基础砂浆防潮层和单个面积≤0.3 m^2 的孔洞所占体积，靠墙暖气沟的挑檐不增加。 基础长度：外墙按外墙中心线，内墙按内墙净长线计算	1. 砂浆制作、运输 2. 砌砖 3. 防潮层铺设 4. 材料运输
010401003 010401004 010401005	实心砖墙 多孔砖墙 空心砖墙	1. 砖品种、规格、强度等级 2. 墙体类型 3. 砂浆强度等级、配合比	m^3	按设计图示尺寸以体积计算。 扣除门窗、洞口、嵌入墙内的钢筋混凝土柱、梁、圈梁、挑梁、过梁及凹进墙内的壁龛、管槽、暖气槽、消火栓箱所占体积，不扣除梁头、板头、檩头、垫木、木楞头、沿椽木、木砖、门窗走头、砖墙内加固钢筋、木筋、铁件、钢管及单个面积≤0.3 m^2 的孔洞所占的体积。凸出墙面的腰线、挑檐、压顶、窗台线、虎头砖、门窗套的体积也不增加。凸出墙面的砖垛并入墙体体积内计算。 1. 墙长度：外墙按中心线、内墙按净长计算 2. 墙高度： (1)外墙：斜(坡)屋面无檐口天棚者算至屋面板底；有屋架且室内外均有天棚者算至屋架下弦底另加 200 mm；无天棚者算至屋架下弦底另加 300 mm，出檐宽度超过 600 mm 时按实砌高度计算；与钢筋混凝土楼板隔层者算至板顶。平屋顶算至钢筋混凝土板底。 (2)内墙：位于屋架下弦者，算至屋架下弦底；无屋架者算至天棚底另加 100 mm；有钢筋混凝土楼板隔层者算至楼板顶；有框架梁时算至梁底。 (3)女儿墙：从屋面板上表面算至女儿墙顶面（如有混凝土压顶时算至压顶下表面）。 (4)内、外山墙：按其平均高度计算。 3. 框架间墙：不分内外墙按墙体净尺寸以体积计算 4. 围墙：高度算至压顶上表面（如有混凝土压顶时算至压顶下表面），围墙柱并入围墙体积内	1. 砂浆制作、运输 2. 砌砖 3. 刮缝 4. 砖压顶砌筑 5. 材料运输

续表

项目编码	项目名称	项目特征	计量单位	工程量计算规则	工作内容
010401006	空斗墙	1. 砖品种、规格、强度等级 2. 墙体类型 3. 砂浆强度等级、配合比	m³	按设计图示尺寸以空斗墙外形体积计算。墙角、内外墙交接处、门窗洞口立边、窗台砖、屋檐处的实砌部分体积并入空斗墙体积内	1. 砂浆制作、运输 2. 砌砖 3. 装填充料 4. 刮缝 5. 材料运输
010401007	空花墙			按设计图示尺寸以空花部分外形体积计算，不扣除空洞部分体积	
010404008	填充墙	1. 砖品种、规格、强度等级 2. 墙体类型 3. 填充材料种类及厚度 4. 砂浆强度等级、配合比		按设计图示尺寸以填充墙外形体积计算	
010404011	砖检查井	1. 井截面、深度 2. 砖品种、规格、强度等级 3. 垫层材料种类、厚度 4. 底板厚度 5. 井盖安装 6. 混凝土强度等级 7. 砂浆强度等级 8. 防潮层材料种类	座	按设计图示数量计算	1. 砂浆制作、运输 2. 铺设垫层 3. 底板混凝土制作、运输、浇筑、振捣、养护 4. 砌砖 5. 刮缝 6. 井池底、壁抹灰 7. 抹防潮层 8. 材料运输
010404012	零星砌砖	1. 零星砌砖名称、部位 2. 砖品种、规格、强度等级 3. 砂浆强度等级、配合比	1. m³ 2. m² 3. m 4. 个	1. 以立方米计量，按设计图示尺寸截面面积乘以长度计算 2. 以平方米计量，按设计图示尺寸水平投影面积计算 3. 以米计量，按设计图示尺寸长度计算 4. 以个计量，按设计图示数量计算	1. 砂浆制作、运输 2. 砌砖 3. 刮缝 4. 材料运输
010401013	砖散水、地坪	1. 砖品种、规格、强度等级 2. 垫层材料种类、厚度 3. 散水、地坪厚度 4. 面层种类、厚度 5. 砂浆强度等级	m²	按设计图示尺寸以面积计算	1. 土方挖、运、填 2. 地基找平、夯实 3. 铺设垫层 4. 砌砖散水、地坪 5. 抹砂浆面层

续表

项目编码	项目名称	项目特征	计量单位	工程量计算规则	工作内容
010401014	砖地沟、明沟	1. 砖品种、规格、强度等级 2. 沟截面尺寸 3. 垫层材料种类、厚度 4. 混凝土强度等级 5. 砂浆强度等级	m	以米计量,按设计图示以中心线长度计算	1. 土方挖、运、填 2. 铺设垫层 3. 底板混凝土制作、运输、浇筑、振捣、养护 4. 砌砖 5. 刮缝、抹灰 6. 材料运输

知识准备

一、适用范围

(1)砖基础项目:适用各种类型砖基础,包括柱基础、墙基础、管道基础等。
(2)实心砖墙项目:适用各种类型的砖墙,包括外墙、内墙、围墙等。
(3)空斗墙项目:适用各种砌法(如一斗一眠、无眠空斗等)的空斗墙。
(4)空花墙项目:适用各种类型的空花墙。
(5)填充墙项目:适用机制砖砌筑,墙体中形成空腔,填充以轻质材料的墙体。

二、计算公式

(1)砖基础。
1)带形砖基础:$V=$基础长度$L\times$基础断面面积$S+$应增加体积$-$应扣除体积
   断面面积$S=$基础墙墙厚$\times$基础高度$+$大放脚增加面积

或

   断面面积$S=$基础墙墙厚$\times$(基础高度$+$折加高度)
   折加高度$=$大放脚增加面积/基础墙墙厚

砖基础等高不等高大放脚折加高度和增加断面面积见表3-22。

表3-22 砖基础等高不等高大放脚折加高度和增加断面面积

放脚层高	折加高度/m											增加断面面积/m²	
	$\frac{1}{2}$砖		1砖		$1\frac{1}{2}$砖		2砖		$2\frac{1}{2}$砖		3砖			
	等高	间隔式	等高	间隔式	等高	间隔式	等高	间隔式	等高	间隔式	等高	间隔式	等高	间隔式
一	0.137	0.137	0.066	0.066	0.043	0.043	0.032	0.032	0.026	0.026	0.021	0.021	0.015 75	0.015 75
二	0.411	0.342	0.197	0.164	0.129	0.108	0.096	0.080	0.077	0.064	0.064	0.053	0.047 25	0.039 38

续表

放脚层高	折加高度/m												增加断面面积/m²	
	$\frac{1}{2}$ 砖		1 砖		$1\frac{1}{2}$ 砖		2 砖		$2\frac{1}{2}$ 砖		3 砖			
	等高	间隔式	等高	间隔式	等高	间隔式	等高	间隔式	等高	间隔式	等高	间隔式	等高	间隔式
三			0.394	0.328	0.259	0.216	0.193	0.161	0.154	0.128	0.128	0.106	0.094 5	0.078 75
四			0.656	0.525	0.432	0.345	0.321	0.253	0.256	0.205	0.213	0.170	0.157 5	0.126
五			0.984	0.788	0.647	0.518	0.482	0.380	0.384	0.307	0.319	0.255	0.236 3	0.189
六			1.378	1.083	0.906	0.712	0.672	0.530	0.538	0.419	0.447	0.351	0.330 8	0.259 9
七			1.838	1.444	1.208	0.949	0.900	0.707	0.717	0.563	0.596	0.468	0.441	0.346 5
八			2.363	1.838	1.553	1.208	1.157	0.900	0.922	0.717	0.766	0.596	0.567	0.441 1
九			2.953	2.297	1.942	1.510	1.447	1.125	1.153	0.896	0.958	0.745	0.708 8	0.551 3
十			3.610	2.789	2.372	1.834	1.768	1.366	1.409	1.088	1.171	0.905	0.866 3	0.669 4

2)独立基础：V＝基础高度×基础断面面积＋应增加体积－应扣除体积

(2)实心砖墙、多孔砖墙、空心砖墙。

$$V＝(墙高×墙长－洞口面积)×墙厚－埋设构件体积＋应增加体积$$

(3)空斗墙。按设计图示尺寸墙角、内外墙交接处、门窗洞口立边、窗台砖、屋檐处的实砌部分体积并入空斗墙体积内。

(4)空花墙。按设计图示尺寸以空花部分外形体积计算，不扣除空洞部分体积。

(5)填充墙。按设计尺寸以填充墙外形体积计算。

(6)实心砖柱、多孔砖柱。按设计图示尺寸以体积计算。

(7)砖检查井。按设计图示数量计算。

(8)零星砌体。

1)以立方米计量，按设计图示尺寸截面面积乘以长度计算。

2)以平方米计量，按设计尺寸水平投影面积计算。

3)以米计量，按设计图示尺寸长度计算。

4)以个计量，按设计图示数量计算。

(9)砖散水、地坪：按设计图示尺寸以面积计算。

(10)砖地沟、明沟：以米计量，按设计图示以中心线长度计算。

三、相关说明

1. 基础与墙身划分原则

基础与墙身划分示意图如图 3-28 所示。基础与墙身划分原则见表 3-23。

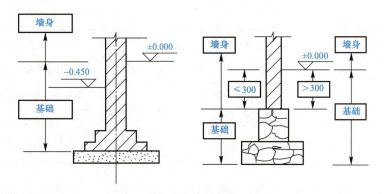

图 3-28 基础与墙身划分示意

(a)基础与墙(柱)身使用同一种材料；(b)基础与墙(柱)身使用不同材料

表 3-23 基础与墙身划分原则

砖砌体	基础与墙(柱)身使用同一种材料	以设计室内地面为界(有地下室者,以地下室室内设计地面为界),以下为基础,以上为墙(柱)身
	基础与墙(柱)身使用不同材料	位于设计室内地面高度≤±300 mm时,以不同材料为分界线,高度＞±300 mm时,以设计室内地面为分界线
	砖围墙	设计室外地坪为界,以下为基础,以上为墙身

2. 基础长度

基础长度按外墙按外墙中心线,内墙按内墙净长线计算。

3. 墙体计算规定

(1)墙长度：外墙按中心线、内墙按净长计算。

(2)墙高度：按表3-24计算。

表 3-24 建筑物中墙体计算高度的规定

墙体名称	屋面类型		墙体高度计算规定
外墙	坡屋面	无檐口天棚者	算至屋面板底
		有屋架且室内外均有天棚者	算至屋架下弦底另加 200 mm
		有屋架无天棚者	算至屋架下弦底另加 300 mm
		出檐宽度超过 600 mm	按实砌高度计算
		与钢筋混凝土楼板隔层者	算至板顶
	平屋顶		算至钢筋混凝土板底
女儿墙	砖压顶		屋面板上表面算至压顶上表面
	钢筋混凝土压顶		屋面板上表面算至压顶下表面
内、外山墙			按其平均高度计算

续表

墙体名称	屋面类型	墙体高度计算规定
内墙	位于屋架下弦者	算至屋架下弦底
	无屋架者	算至天棚底另加 100 mm
	有钢筋混凝土楼板隔层者	算至楼板顶
	有框架梁时	算至梁底

(3)墙厚：标准砖尺寸应为 240 mm×115 mm×53 mm。标准砖墙厚度应按表 3-25 计算。

表 3-25 标准墙计算厚度表

砖数(厚度)	1/4	1/2	3/4	1	$1\frac{1}{2}$	2	$2\frac{1}{2}$	3
计算厚度/mm	53	115	180	240	365	490	615	740

4. 框架间墙

不分内外墙按墙体净尺寸以体积计算。

5. 围墙

高度算至压顶上表面(如有混凝土压顶时算至压顶下表面)，围墙柱并入围墙体积内。砌体墙高的确定如图 3-29 所示。

四、注意事项

(1)砖围墙以设计室外地坪为界，以下为基础，以上为墙身。

(2)框架外表面的镶贴砖部分，按零星项目编码列项。

(3)附墙烟囱、通风道、垃圾道应按设计图示尺寸以体积(扣除孔洞所占体积)计算并入所依附的墙体体积内。当设计规定孔洞内需抹灰时，应按"计算规范"附录 L 中零星抹灰项目编码列项。

(4)空斗墙的窗间墙、窗台下、楼板下、梁头下等的实砌部分，按零星砌砖项目编码列项。

(5)"空花墙"项目适用各种类型的空花墙，使用混凝土花格砌筑的空花墙，实砌墙体与混凝土花格应分别计算，混凝土花格按混凝土及钢筋混凝土中预制构件相关项目编码列项。

(6)台阶、台阶挡墙、梯带、锅台、炉灶、蹲台、池槽、池槽腿、砖胎模、花台、花池、楼梯栏板、阳台栏板、地垄墙、≤0.3 m² 的孔洞填塞等，应按零星砌砖项目编码列项。砖砌锅台与炉灶可按外形尺寸以个计算，砖砌台阶可按水平投影面积以平方米计算，小便槽、地垄墙可按长度计算，其他工程按立方米计算。

(7)砖砌体内钢筋加固，应按"计算规范"附录 E 中相关项目编码列项。

(8)砖砌体勾缝按"计算规范"附录 L 中相关项目编码列项。

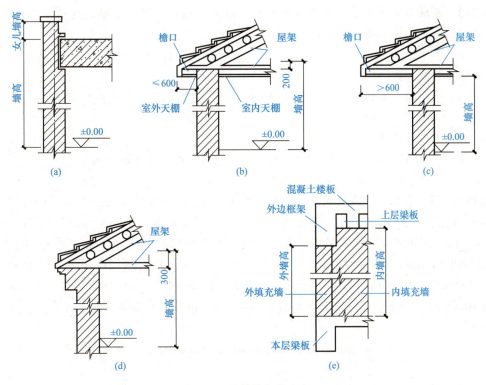

图 3-29 砌体墙高的确定

(9)检查井内的爬梯按"计算规范"附录 E 中相关项目编码列项；井、池内的混凝土构件按"计算规范"附录 E 中混凝土及钢筋混凝土预制构件编码列项。

【例 3-10】 根据图 3-30 所示基础施工图的尺寸，试计算砖基础的工程量。

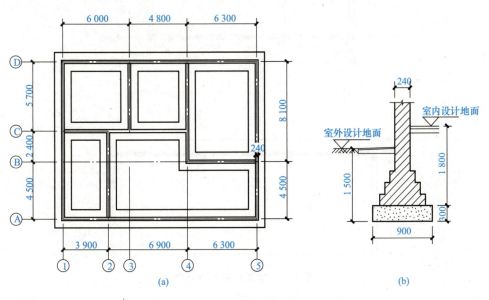

图 3-30 基础施工图
(a)基础平面图；(b)基础剖面图

【解】 基础与墙身由于采用同一种材料,以室内地坪为界,基础高度为 1.8 m。根据计算规则的要求,外墙砖基础长:

$$L_{外}=[(4.5+2.4+5.7)+(3.9+6.9+6.3)]\times2=59.4(m)$$

内墙砖基础长:

$$L_{内}=(5.7-0.24)+(8.1-0.24)+(4.5+2.4-0.24)+(6+4.8-0.24)+$$
$$(6.3-0.12+0.12)=36.84(m)$$

砖基础的工程量为

$$V=(0.24\times1.8+0.094\ 5)\times(59.4+36.84)=50.7(m^3)$$

或

$$V=0.24\times(1.8+0.394)\times(59.4+36.84)=50.7(m^3)$$

【例 3-11】 某单层建筑物混合结构,采用 M10 混合砂浆砌筑,如图 3-31 所示,外墙厚 240 mm 采用多孔砖砌筑;女儿墙 240 mm 厚采用标准砌砖筑,混凝土压顶断面 240 mm×60 mm;内墙采用厚 120 mm 多孔砖砌筑;构造柱断面 240 mm×240 mm 到女儿墙顶,构造柱不考虑马牙槎;圈梁断面 240 mm×400 mm;门窗洞口上均采用现浇钢混凝土过梁,断面 240 mm×180 mm;M1:1 560 mm×2 700 mm;M2:1 000 mm×2 700 mm;C1:1 800 mm×1 800 mm,C2:1 560 mm×1 800 mm;试编制其墙体工程量清单。

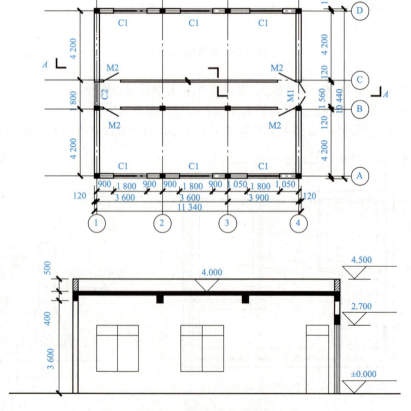

图 3-31 某单层建筑物示意

【解】 女儿墙属于实心砖墙项目,内墙、外墙为多孔砖墙项目。

外墙工程量:$V=$(外墙中心线长×外墙高−门窗洞口面积)×外墙厚−构造柱体积−过

梁体积

其中：

外墙中构造柱体积：$V=0.24×0.24×3.6×12=2.49(m^3)$

外墙中过梁体积：$V=0.24×0.18×[(1.56+0.5)×2+(1.8+0.5)×6]=0.77(m^3)$

则：外墙体积：$V=[(11.1+10.2)×2×3.6-1.56×2.7-1.8×1.8×6-1.56×1.8]×0.24-2.49-0.77=27.20(m^3)$

内墙工程量：$V=$（内墙净长线×内墙高-门窗洞口面积）×内墙厚

则：内墙体积：$V=\{[(11.1-0.12×2)+(11.1-0.24×3)]×4.0-1×2.7×4\}×0.12=8.90(m^3)$

女儿墙工程量：$V=$外墙中心线×墙厚×女儿墙高-构造柱体积

则：女儿墙体积：$V=0.24×(0.5-0.06)×(11.1+10.2)×2-0.24×0.24×(0.5-0.06)×10=4.25(m^3)$

工程量清单编制见表3-26。

表3-26 工程量清单编制

工程名称：某单层建筑物

序号	项目编码	项目名称	项目特征	计量单位	工程量	金额/元		
						综合单价	合价	其中 暂估价
1	010401003001	实心砖墙（女儿墙）	1. 标准砖：240 mm×115 mm×53 mm 2. 墙体厚度：240 mm 3. 高度：4 m 4. M10 混合砂浆	m^3	4.25			
2	010401004001	多孔砖墙	1. 砖品种、规格：多孔砖 2. 墙体类型：外墙 3. 砂浆强度：M10 混合砂浆	m^3	27.20			
3	010401004002	多孔砖墙	1. 砖品种、规格：多孔砖 2. 墙体类型：内墙 3. 砂浆强度：M10 混合砂浆	m^3	8.90			

能力二 砌块砌体工程量计算

学习目标

1. 能了解砌块砌体工程清单项目的设置；
2. 能掌握各项目工程量计算规则及计算公式；
3. 能正确计算相关工程量并编制工程量清单；
4. 能培养学生熟悉行业规范、各项法规、政策并熟练运用的能力。

规范学习

砌块砌体工程规范内容见表 3-27。

表 3-27　砌块砌体工程规范内容

项目编码	项目名称	项目特征	计量单位	工程量计算规则	工作内容
010402001	砌块墙	1. 砌块品种、规格、强度等级 2. 墙体类型 3. 砂浆强度等级	m³	按设计图示尺寸以体积计算。 扣除门窗、洞口、嵌入墙内的钢筋混凝土柱、梁、圈梁、挑梁、过梁及凹进墙内的壁龛、管槽、暖气槽、消火栓箱所占体积,不扣除梁头、板头、檩头、垫木、木楞头、沿椽木、木砖、门窗走头、砌块墙内加固钢筋、木筋、铁件、钢管及单个面积≤0.3 m²的孔洞所占的体积。凸出墙面的腰线、挑檐、压顶、窗台线、虎头砖、门窗套的体积也不增加。凸出墙面的砖垛并入墙体体积内计算。 1. 墙长度:外墙按中心线、内墙按净长计算 2. 墙高度: (1)外墙:斜(坡)屋面无檐口天棚者算至屋面板底;有屋架且室内外均有天棚者算至屋架下弦底另加 200 mm;无天棚者算至屋架下弦底另加 300 mm,出檐宽度超过 600 mm 时按实砌高度计算;与钢筋混凝土楼板隔层者算至板顶。平屋面算至钢筋混凝土板底。 (2)内墙:位于屋架下弦者,算至屋架下弦底;无屋架者算至天棚底另加 100 mm;有钢筋混凝土楼板隔层者算至楼板顶;有框架梁时算至梁底 (3)女儿墙:从屋面板上表面算至女儿墙顶面(如有混凝土压顶时算至压顶下表面) (4)内、外山墙:按其平均高度计算 3. 框架间墙:不分内外墙按墙体净尺寸以体积计算 4. 围墙:高度算至压顶上表面(如有混凝土压顶时算至压顶下表面),围墙柱并入围墙体积内	1. 砂浆制作、运输 2. 砌砖、砌块 3. 勾缝 4. 材料运输
010402002	砌块柱			按设计图示尺寸以体积计算。 扣除混凝土及钢筋混凝土梁垫、梁头、板头所占体积	

知识准备

一、适用范围

砌块砌体适用各种规格砌块砌筑的各种类型墙体。

二、计算公式

1. 砌块墙

$$V = 墙厚 \times (墙高 \times 墙长 - 洞口面积) - 埋设构件体积 + 应增加体积$$

2. 砌块柱

$$V = 柱截面面积 \times 柱高$$

三、相关说明

(1)墙长度：外墙按中心线、内墙按净长计算；
(2)墙高度：同表 3-23 规定相同；
(3)墙厚：按设计尺寸计算；
(4)框架间墙：不分内外墙按墙体净尺寸以体积计算；
(5)围墙：高度算至压顶上表面(如有混凝土压顶时算至压顶下表面)，围墙柱并入围墙体积内；
(6)砌体内加筋、墙体拉结的制作、安装，应按"计算规范"附录 E 混凝土及钢筋混凝土工程中相关项目编码列项；
(7)砌块排列应上、下错缝搭砌，如果搭错缝长度满足不了规定的压搭要求，应采取压砌钢筋网片的措施，具体构造要求按设计规定。若设计无规定时，应注明由投标人根据工程实际情况自行考虑；
(8)砌体垂直灰缝宽>30 mm 时，采用 C20 细石混凝土灌实。灌注的混凝土应按"计算规范"附录 E 混凝土及钢筋混凝土工程相关项目编码列项。

案例解析

任务单：根据 1#生产车间图纸，对该工程首层⑭轴～⑤轴/Ⓐ～Ⓒ轴办公室的砌体工程进行计量。

解析：$V = 墙厚 \times (墙高 \times 墙长 - 洞口面积) - 埋设构件体积 + 应增加体积$

砌体工程计量

工程量清单编制表见表3-28。

表 3-28　工程量清单编制表

工程名称：1#生产车间

序号	项目编码	项目名称	项目特征	计量单位	工程量	金额/元		其中
						综合单价	合价	暂估价

能力三　垫层工程量计算

学习目标

1. 了解垫层工程清单项目的设置；
2. 能掌握垫层工程量计算规则及计算公式；
3. 能正确计算垫层工程量并编制工程量清单；
4. 培养学生收集信息和编制清单的能力。

规范学习

垫层规范内容见表3-29。

表 3-29　垫层规范内容

项目编码	项目名称	项目特征	计量单位	工程量计算规则	工作内容
010404001	垫层	垫层材料种类、配合比、厚度	m^3	按设计图示尺寸以立方米计算	1. 垫层材料的拌制 2. 垫层铺设 3. 材料运输

知识准备

一、适用范围

除混凝土垫层应按"计算规范"附录E混凝土及钢筋混凝土工程中相关项目编码列项外，没有包括垫层要求的清单项目应按表3-29垫层项目编码列项。

二、计算公式

$$V = 垫层长度 \times 垫层宽度 \times 垫层厚度$$

其中：外墙基础下垫层长取外墙中心线长，内墙基础下垫层长取内墙基础下垫层净长。

> **案例解析**

任务单：根据1#生产车间图纸，对该工程 ZJ1(1/A) 的垫层工程进行计量。

解析：$V=$ 垫层长度 $\times$ 垫层宽度 $\times$ 垫层厚度

工程量清单编制表见表3-30。

垫层工程计量

表3-30 工程量清单编制表

工程名称：1#生产车间

序号	项目编码	项目名称	项目特征	计量单位	工程量	金额/元		
						综合单价	合价	其中
								暂估价

任务六　混凝土及钢筋混凝土工程工程量清单的编制

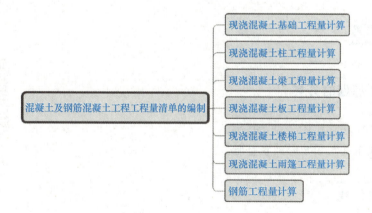

能力一　现浇混凝土基础工程量计算

学习目标

1. 能了解现浇混凝土基础工程清单项目的设置；
2. 能区分阶形与坡形独立基础；

3. 能掌握现浇混凝土基础工程量的计算规则及计算公式；
4. 能正确计算现浇混凝土独立基础的工程量并编制工程量清单；
5. 能培养学生具有良好的工作态度、责任心、团队意识、协作能力，并能吃苦耐劳。

规范学习

现浇混凝土基础规范内容见表 3-31。

表 3-31　现浇混凝土基础规范内容

项目编码	项目名称	项目特征	计量单位	工程量计算规则	工作内容
010501001	垫层				
010501002	带形基础	1. 混凝土种类 2. 混凝土强度等级	m³	按设计图示尺寸以体积计算。不扣除伸入承台基础的桩头所占体积	1. 模板及支撑制作、安装、拆除、堆放、运输及清理模内杂物、刷隔离剂等 2. 混凝土制作、运输、浇筑、振捣、养护
010501003	独立基础				
010501004	满堂基础				
010501005	桩承台基础				
010501006	设备基础	1. 混凝土种类 2. 混凝土强度等级 3. 灌浆材料、灌浆材料强度等级			

知识准备

一、独立基础的分类

(1) 普通独立基础和杯口独立基础；
(2) 阶形独立基础和坡形独立基础。

独立基础的分类

二、计算公式

阶形独立基础(图 3-32)计算公式：

$$V = \sum (V_1 + V_2 + \cdots + V_n)$$

式中　$V_1 = S_1 \times h_1$；
　　　S_1——第一阶底面积；
　　　h_1——第一阶高度；
　　　V_1——第一阶体积。

图 3-32 阶形独立基础

坡形独立基础(图 3-33)计算公式:

$$V = V_{矩} + V_{棱台}$$

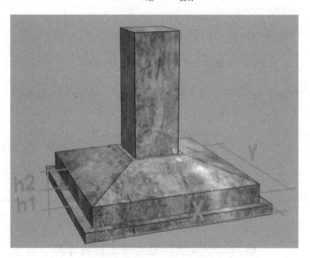

图 3-33 坡形独立基础

$$V_{矩} = S_1 \times h_1$$

式中　S_1——第一阶底面积;
　　　h_1——第一阶高度;
　　　$V_{矩}$——第一阶矩形体积。

$$V_{棱台} = [S_{上} + S_{下} + \sqrt{S_{上} \times S_{下}}] \times h_2/3$$

式中　$S_{上}$——四棱台上底面积;
　　　$S_{下}$——四棱台下底面积;
　　　h_2——四棱台高度;
　　　$V_{棱台}$——四棱台体积。

三、相关说明

(1)有肋带形基础、无肋带形基础应按现浇混凝土基础中相关项目列项,并注明肋高。

(2)箱式满堂基础中柱、梁、墙、板按相关项目分别编码列项;箱式满堂基础底板按现浇混凝土基础的满堂基础项目列项。

(3)框架式设备基础中柱、梁、墙、板分别按相关项目编码列项;基础部分按现浇混凝土基础相关项目编码列项。

(4)如为毛石混凝土基础,项目特征应描述毛石所占比例。

案例解析

任务单:根据1#生产车间图纸,对该工程Ⓐ轴/①轴间的 ZJ1 的混凝土工程进行计量。

解析:$V=V_{矩}+V_{棱台}$

$V_{矩}=S_1 \times h_1$

$V_{棱台}=[S_上+S_下+\sqrt{S_上 \times S_下}] \times h_2/3$

工程量清单编制表见表3-32。

独立基础工程量计算

表3-32 工程量清单编制表

工程名称:1#生产车间

序号	项目编码	项目名称	项目特征	计量单位	工程量	金额/元		
						综合单价	合价	其中 暂估价

能力二 现浇混凝土柱工程量计算

学习目标

1. 能了解现浇混凝土柱工程清单项目的设置;
2. 能掌握现浇混凝土柱工程量的计算规则及计算公式;
3. 能正确计算现浇混凝土柱的工程量并编制工程量清单;
4. 能培养具有观察、分析、判断、解决问题的能力和创新能力。

规范学习

现浇混凝土柱规范内容见表 3-33。

表 3-33 现浇混凝土柱规范内容

项目编码	项目名称	项目特征	计量单位	工程量计算规则	工作内容
010502001	矩形柱	1. 混凝土种类 2. 混凝土强度等级	m³	按设计图示尺寸以体积计算 柱高: 1. 有梁板的柱高,应自柱基上表面(或楼板上表面)至上一层楼板上表面之间的高度计算 2. 无梁板的柱高,应自柱基上表面(或楼板上表面)至柱帽下表面之间的高度计算 3. 框架柱的柱高:应自柱基上表面至柱顶高度计算 4. 构造柱按全高计算,嵌接墙体部分(马牙槎)并入柱身体积 5. 依附柱上的牛腿和升板的柱帽,并入柱身体积计算	1. 模板及支架(撑)制作、安装、拆除、堆放、运输及清理模内杂物、刷隔离剂等 2. 混凝土制作、运输、浇筑、振捣、养护
010502002	构造柱				
010502003	异形柱	1. 柱形状 2. 混凝土种类 3. 混凝土强度等级			

知识准备

一、适用范围

现浇混凝土柱包括矩形柱、构造柱、异形柱。

柱高的规定

二、计算公式

现浇混凝土柱:$V=$柱截面面积×柱高。
现浇混凝土柱构造柱:$V=$构造柱断面面积×构造柱高+马牙槎体积。
柱高按表 3-34 规定计算。

表 3-34 柱高度的规定

名称	柱高度取值
有梁板的柱高	自柱基上表面(或楼板上表面)至上一层楼板上表面之间的高度计算
无梁板的柱高	自柱基上表面(或楼板上表面)至柱帽下表面之间的高度计算

续表

名称	柱高度取值
框架柱的柱高	自柱基上表面至柱顶高度计算
构造柱的柱高	全高

注：1. 有梁板是指现浇密肋板、井字梁板（即由同一平面内相互正交或斜浇的梁与板所组成的结构构件）。
　　2. 无梁板是指没有梁、直接支撑在柱上的板。柱帽体积计入板工程量内。

三、注意事项

（1）构造柱与墙连接马牙槎处的混凝土体积并入构造柱体积内。由于构造柱的计算高度取全高级，即层高，但马牙槎只留设至圈梁底，故马牙槎的计算高度取至圈梁底。通常构造柱根据其设置的位置和形式，常采用的尺寸有 370 mm×370 mm、370 mm×240 mm、240 mm×240 mm 三种。在砖墙结构中常用较多的是 240 mm×240 mm。

（2）依附柱上的牛腿和升板的柱帽，并入柱身体积计算。

（3）混凝土种类是指清水混凝土、彩色混凝土等，如在同一地区既使用预拌（商品）混凝土、又允许现场搅拌混凝土时，也应注明。

案例解析

任务单：根据1#生产车间图纸，对该工程标高－0.1～3.5 m 处Ⓐ轴/①轴间的 KZ1 的混凝土工程进行计量。

解析：$V = S \times H$

工程量清单编制表见表3-35。

柱工程量计算

表3-35　工程量清单编制表

工程名称：1#生产车间

序号	项目编码	项目名称	项目特征	计量单位	工程量	金额/元		其中
						综合单价	合价	暂估价

能力三　现浇混凝土梁工程量计算

学习目标

1. 了解梁工程清单项目的设置；
2. 能掌握现浇混凝土梁工程量的计算规则及计算公式；
3. 能正确计算现浇混凝土梁的工程量并编制工程量清单；
4. 能培养学生培养学生熟悉行业规范、各项法规、政策并熟练运用的能力。

规范学习

现浇混凝土梁规范内容见表 3-36。

表 3-36 现浇混凝土梁规范内容

项目编码	项目名称	项目特征	计量单位	工程量计算规则	工作内容
010503001	基础梁	1. 混凝土种类 2. 混凝土强度等级	m^3	按设计图示尺寸以体积计算。伸入墙内的梁头、梁垫并入梁体积内。 梁长： 1. 梁与柱连接时，梁长算至柱侧面 2. 主梁与次梁连接时，次梁长算至主梁侧面	1. 模板及支架(撑)制作、安装、拆除、堆放、运输及清理模内杂物、刷隔离剂等 2. 混凝土制作、运输、浇筑、振捣、养护
010503002	矩形梁				
010503003	异形梁				
010503004	圈梁				
010503005	过梁				
010503006	弧形、拱形梁	1. 混凝土种类 2. 混凝土强度等级		按设计图示尺寸以体积计算。伸入墙内的梁头、梁垫并入梁体积内。 梁长： 1. 梁与柱连接时，梁长算至柱侧面 2. 主梁与次梁连接时，次梁长算至主梁侧面	

知识准备

一、适用范围

(1) 基础梁项目适用独立基础间架设的、承受上部墙传来荷载的梁。
(2) 圈梁项目适用为了加强结构整体性，构造上要求设置到封闭型的水平梁。
(3) 过梁项目适用建筑物门窗洞口上所设置的梁。
(4) 矩形梁、异形梁、弧形及拱形梁项目，适用除以上三种梁外的截面为矩形、异形及形状为弧形、拱形的梁。

二、计算公式

现浇混凝土梁计算公式：

$$V_{梁} = 梁截面面积 \times 梁长$$

三、梁长的规定

梁长的规定见表3-37。

表3-37 梁长的规定

名称	梁长取值
梁与柱连接	算至柱侧面
主梁与次梁连接	次梁长算至主梁侧面(截面小的梁长算至截面大的梁侧面)

案例解析

任务单：根据1#生产车间图纸，对该工程标高3.5 m处Ⓐ轴/①~⑤轴间的KL1的混凝土工程进行计量。

解析：$V = S \times L$

梁工程量计算

工程量清单编制表见表3-38。

表3-38 工程量清单编制表

工程名称：1#生产车间

序号	项目编号	项目名称	项目特征	计量单位	工程量	金额/元		
						综合单价	合价	其中
								暂估价

能力四 现浇混凝土墙工程量计算

学习目标

1. 能了解现浇混凝土墙工程清单项目的设置；
2. 能掌握各项目工程量计算规则及计算公式；
3. 能正确计算相关工程量并编制工程量清单；
4. 能培养学生严谨的治学态度。

规范学习

现浇混凝土墙规范内容见表 3-39。

表 3-39 现浇混凝土墙规范内容

项目编码	项目名称	项目特征	计量单位	工程量计算规则	工作内容
010504001	直形墙	1. 混凝土种类 2. 混凝土强度等级	m³	按设计图示尺寸以体积计算。扣除门窗洞口及单个面积>0.3 m²的孔洞所占体积，墙垛及突出墙面部分并入墙体体积内计算	1. 模板及支架(撑)制作、安装、拆除、堆放、运输及清理模内杂物、刷隔离剂等 2. 混凝土制作、运输、浇筑、振捣、养护
010504002	弧形墙				
010504003	短肢剪力墙				
010504004	挡土墙				

知识准备

一、适用范围

现浇混凝土墙包括直形墙、弧形墙、短肢剪力墙、挡土墙。

二、计算公式

$$V = (墙长 \times 墙高 - S_{0.3 \text{ m}^2 以上孔洞}) \times 墙厚$$

三、注意事项

(1) 墙肢截面的最大长度与厚度之比小于或等于6倍的剪力墙，按短肢剪力墙项目列项。

(2) L形、Y形、T形、十字形、Z形、一字形等短肢剪力墙的单肢中心线长≤0.4 m，按柱项目列项。

【例 3-12】 求图 3-34 所示某工程的墙体工程量。

【解】 外墙体积：$V_外 =$(框架间净长×框架间净高-门窗面积)×墙厚
$= (4.1 \times 3 \times 2 \times 5.2 + 5.6 \times 2 \times 5.2 - 1.5 \times 2.4 + 1.8 \times 1.5 \times 5 -$
$1.8 \times 0.6 \times 5) \times 0.365 (\text{m}^3)$
$= (186.16 - 22.5) \times 0.365 = 59.74 (\text{m}^3)$

内墙体积：$V_内 =$(框架间净长×框架间净高-门窗面积)×墙厚
$= [5.6 \times 2 \times 5.2 + (4.50 - 0.365) \times 5.4 - 0.9 \times 2.1 \times 3] \times 0.365$
$= 74.9 \times 0.365 = 27.34 (\text{m}^3)$

工程量合计 $= 59.74 + 27.34 = 87.08 (\text{m})$

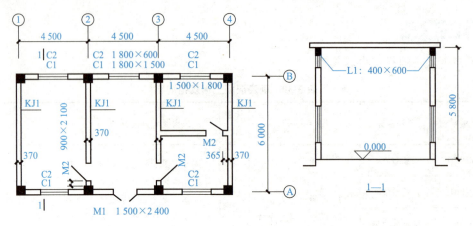

注：KJ1；柱400 mm×400 mm，梁400 mm×600 mm

图 3-34 某工程平面图

能力五　现浇混凝土板工程量计算

学习目标

1. 能了解现浇混凝土板工程清单项目的设置；
2. 能区分有梁板、无梁板和平板；
3. 能掌握雨篷与板的分解；
4. 能掌握现浇混凝土板、现浇混凝土雨篷的计算规则；
5. 能正确计算现浇混凝土板、现浇混凝土雨篷的工程量；
6. 能培养学生具有良好的工作态度、责任心、团队意识、协作能力，并能吃苦耐劳。

规范学习

现浇混凝土板规范内容见表 3-40。

表 3-40　现浇混凝土板规范内容

项目编码	项目名称	项目特征	计量单位	工程量计算规则	工作内容
010505001	有梁板	1. 混凝土种类 2. 混凝土强度等级	m^3	按设计图示尺寸以体积计算，不扣除单个面积≤0.3 m^2 的柱、垛以及孔洞所占体积。压形钢板混凝土楼板扣除构件内压形钢板所占体积。有梁板（包括主、次梁与板）按梁、板体积之和计算，无梁板按板和柱帽体积之和计算，各类板伸入墙内的板头并入板体积内，薄壳板的肋、基梁并入薄壳体积内计算	1. 模板及支架（撑）制作、安装、拆除、堆放、运输及清理模内杂物、刷隔离剂等 2. 混凝土制作、运输、浇筑、振捣、养护
010505002	无梁板				
010505003	平板				
010505004	拱板				
010505005	薄壳板				
010505006	栏板				

续表

项目编码	项目名称	项目特征	计量单位	工程量计算规则	工作内容
010505007	天沟(檐沟)、挑檐板			按设计图示尺寸以体积计算	1. 模板及支架(撑)制作、安装、拆除、堆放、运输及清理模内杂物、刷隔离剂等 2. 混凝土制作、运输、浇筑、振捣、养护
010505008	雨篷、悬挑板、阳台板	1. 混凝土种类 2. 混凝土强度等级	m^3	按设计图示尺寸以墙外部分体积计算。包括伸出墙外的牛腿和雨篷反挑檐的体积	
0105050010	其他板			按设计图示尺寸以体积计算	

知识准备

一、适用范围

现浇混凝土板包括有梁板，无梁板，平板，薄壳板，栏板，天沟(檐沟)，挑檐板，雨篷、悬挑板、阳台板，空心板，其他板。

二、计算公式

(1)有梁板计算公式：$V=V_板+V_梁$。
1) $V_板=(S_板-S_{洞>0.3 m^2})×H_{板厚}$。
2) $V_梁=S_{梁截面}×L_{梁长}$（同现浇混凝土梁）。
(2)无梁板计算公式：$V=V_板+V_{柱帽}$。
(3)平板：$V_板=L_板×b_宽×H_{板厚}$。
(4)雨篷计算公式：$V_{雨篷}=V_板+V_梁$。
1) $V_板=S_板×H_{板厚}$。
2) $V_梁=S_梁×L_{梁长}$。

有梁板、无梁板和平板的区别

三、注意事项

(1)有梁板、无梁板和平板的区别。
(2)有梁板(包括主、次梁与板)按梁、板体积之和计算，无梁板按板和柱帽体积之和计算。
(3)板与梁连接时板宽(长)算至梁侧面；梁与柱连接时，梁长算至柱侧面；主梁与次梁连接时，次梁长算至主梁侧面。
(4)现浇挑檐、天沟板、雨篷、阳台与板(包括屋面板、楼板)连接时，以外墙外边线为分界线；与圈梁(包括其他梁)连接时，以梁外边线为分界线。外边线以外为挑檐、天沟、雨篷或阳台。与现浇楼板无梯梁连接时，以楼梯的最后一个踏步边缘加 300 mm 为界。

【例 3-13】 某单层现浇框架结构，结构平面图如图 3-35 所示，已知设计室内地坪为 -0.5 m，柱基顶面标高为 -1.50 m，楼面结构标高为 3.6 m，柱、梁、板均采用 C25 现浇混凝土，板厚 120 mm。柱截面均为 500 mm×500 mm。试计算柱、梁、板的混凝土工程量。

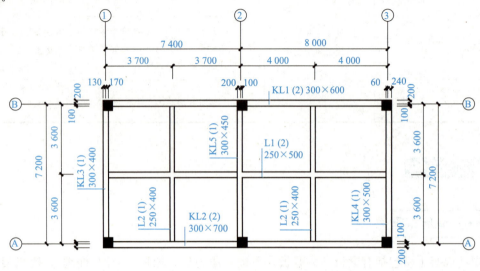

图 3-35 现浇框架结构示意图

【解】(1)柱的工作量=$0.5 \times 0.5 \times (3.6+1.5) \times 6=7.65 (m^3)$

(2)梁的工作量：

KL1=$0.3 \times 0.6 \times (7.4+8+0.13+0.24-0.5 \times 3)=2.57 (m^3)$

KL2=$0.3 \times 0.7 \times (7.4+8+0.13+0.24-0.5 \times 3)=3.00 (m^3)$

KL3=$0.3 \times 0.4 \times (7.2+0.2+0.2-0.5 \times 2)=0.79 (m^3)$

KL4=$0.3 \times 0.5 \times (7.2+0.2+0.2-0.5 \times 2)=0.99 (m^3)$

KL5=$0.3 \times 0.45 \times (7.2+0.2+0.2-0.5 \times 2)=0.89 (m^3)$

L1=$0.25 \times 0.5 \times (7.4+8+0.13+0.24-0.3 \times 3)=1.86 (m^3)$

L2=$0.25 \times 0.4 \times (7.2+0.2+0.2-0.3 \times 2-0.25) \times 2=1.35 (m^3)$

梁的混凝土合计=$11.45 (m^3)$

(3)板的工程量

从左至右，从上至下的顺序。

第一块板的工作量=$(3.7-0.17-0.25) \times (3.6-0.15-0.1) \times 0.12=1.38 (m^3)$

第二块板的工作量=$(3.7-0.125-0.2) \times (3.6-0.125-0.1) \times 0.12=1.37 (m^3)$

第三块板的工作量=$(4-0.1-0.125) \times (3.6-0.125-0.1) \times 0.12=1.53 (m^3)$

第四块板的工作量=$(4-0.125-0.06) \times (3.6-0.125-0.1) \times 0.12=1.55 (m^3)$

第五块板的工作量=$(3.7-0.17-0.125) \times (3.6-0\ 125-0.1) \times 0.12=1.38 (m^3)$

第六块板的工作量=$(3.7-0.125-0.2) \times (3.6-0.125-0.1) \times 0.12=1.37 (m^3)$

第七块板的工作量=$(4-0.1-0.125) \times (3.6-0.125-0.1) \times 0.12=1.53 (m^3)$

第八块板的工作量=$(4-0.125-0.06) \times (3.6-0.125-0.1) \times 0.12=1.55 (m^3)$

板的混凝土量合计＝1.32＋1.37＋1.53＋1.55＋1.38＋1.37＋1.53＋1.55＝11.66(m³)

任务单：根据1#生产车间图纸，对该工程标高 3.5 m 处Ⓐ～Ⓑ轴/①～②轴间的 B3 的混凝土工程进行计量。

解析： $V_板 = (S - S_洞) \times H$

板工程量计算

工程量清单编制表见表 3-41。

表 3-41 工程量清单编制表

工程名称：1#生产车间

序号	项目编码	项目名称	项目特征	计量单位	工程量	金额/元		其中
						综合单价	合价	暂估价

任务单：根据1#生产车间图纸，对该工程标高 3.5 m 处Ⓐ轴以下/②～④轴的阳台雨篷的混凝土工程进行计量。

解析：
$V_板 + V_梁$
$V_板 = S \times H$
$V_梁 = S \times L$

雨篷混凝土计量

工程量清单编制表见表 3-42。

表 3-42 工程量清单编制表

工程名称：1#生产车间

序号	项目编码	项目名称	项目特征	计量单位	工程量	金额/元		其中
						综合单价	合价	暂估价

能力六　现浇混凝土楼梯工程量计算

1. 能了解现浇混凝土楼梯工程清单项目的设置；
2. 能掌握现浇混凝土楼梯的计算规则及计算公式；
3. 能正确计算现浇混凝土楼梯的工程量并编制工程量清单；
4. 能培养学生一丝不苟的学习态度和工作作风。

规范学习

现浇混凝土楼梯规范内容见表 3-43。

表 3-43　现浇混凝土楼梯规范内容

项目编码	项目名称	项目特征	计量单位	工程量计算规则	工作内容
010506001	直形楼梯	1. 混凝土种类 2. 混凝土强度等级	1. m² 2. m³	1. 以平方米计量，按设计图示尺寸以水平投影面积计算。不扣除宽度≤500 mm的楼梯井，伸入墙内部分不计算 2. 以立方米计量，按设计图示尺寸以体积计算	1. 模板及支架（撑）制作、安装、拆除、堆放、运输及清理模内杂物、刷隔离剂等 2. 混凝土制作、运输、浇筑、振捣、养护
010506002	弧形楼梯				

知识准备

一、楼梯的范围

整体楼梯（包括直形楼梯、弧形楼梯）水平投影面积包括休息平台、平台梁、斜梁和楼梯的连接梁。当整体楼梯与现浇楼板无梯梁连接时，以楼梯的最后一个踏步边缘加 300 mm 为界。

二、计算公式

楼梯计算公式：
$$S = A \times B$$
式中　A——楼梯水平投影长度；
　　　B——楼梯水平投影宽度；
　　　S——楼梯水平投影面积。

三、注意事项

整体楼梯（包括直形楼梯、弧形楼梯）水平投影面积包括休息平台、平台梁、斜梁和楼梯的连接梁。当整体楼梯与现浇楼板无梯梁连接时，以楼梯的最后一个踏步边缘加 300 mm 为界。

> **案例解析**

任务单：根据1#生产车间图纸，对该工程标高3.55～6.85 m处楼梯的混凝土工程进行计量。

解析： $S=A\times B$

工程量清单编制表见表3-44。

楼梯混凝土计量

表3-44 工程量清单编制表

工程名称：1#生产车间

序号	项目编码	项目名称	项目特征	计量单位	工程量	金额/元		
						综合单价	合价	其中
								暂估价

能力七 钢筋工程量计算

> **学习目标**

1. 能了解钢筋工程清单项目的设置；
2. 能掌握影响钢筋计算的因素、抗震等级、混凝土结构的环境类别、混凝土保护层的概念、钢筋的连接方式、梁的钢筋的分类；
3. 能掌握框架梁钢筋工程量的计算规则；
4. 能正确计算框架梁钢筋的工程量；
5. 能培养学生具有观察、分析、判断、解决问题的能力和创新能力。

> **规范学习**

钢筋工程规范内容见表3-45。

表3-45 钢筋工程规范内容

项目编码	项目名称	项目特征	计量单位	工程量计算规则	工作内容
010515001	现浇构件钢筋				1. 钢筋制作、运输 2. 钢筋安装 3. 焊接（绑扎）
010515003	钢筋网片	钢筋种类、规格	t	按设计图示钢筋（网）长度（面积）乘单位理论质量计算	1. 钢筋网制作、运输 2. 钢筋网安装 3. 焊接（绑扎）
010515004	钢筋笼				1. 钢筋笼制作、运输 2. 钢筋笼安装 3. 焊接（绑扎）

>> 知识准备

一、钢筋的相关知识

(1)影响计算的因素;
(2)抗震等级;
(3)混凝土结构的环境类别;
(4)混凝土的保护层;
(5)钢筋的连接方式。

钢筋的相关知识

二、计算公式

(1)钢筋工程量=钢筋长度(m)×根数×钢筋每米理论质量(kg/m)。

(2)钢筋每米理论质量$=0.00617\times d\times d$,其中 d 为钢筋直径,单位:mm。

(3)以辽宁省《房屋建筑与装饰工程定额》为计量依据,钢筋长度按中心线长度计算。梁需要计算的钢筋如图 3-36 所示。

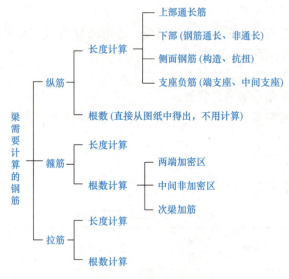

图 3-36 梁需要计算的钢筋

(4)各类钢筋计算公式。

1)上部通长筋长度=左支座锚固+净长+右支座锚固。

2)下部通长筋长度=左支座锚固+净长+右支座锚固。

3)下部非通长筋长度=左支座锚固+净长+右支座锚固。

4)端支座负筋长度=支座锚固+伸入跨内长度。

5)中间支座负筋长度=伸入跨内长度+支座宽+伸入跨内长度。

6)侧面钢筋长度=左支座锚固+净长+右支座锚固。

7)箍筋长度=$(b+h)\times2-8c+$弯曲调整值$\times2+\max(10d,75\text{ mm})\times2$。

拉筋长度=$(h-2c)+$弯曲调整值$\times2+\max(10d,75\text{ mm})\times2$。

加密区箍筋根数=[(加密区长度-50)/加密区间距],向上取整加一。

非加密区箍筋根数=(梁跨净长-加密区长度×2)/非加密区间距,向上取整减一。

箍筋配置示意如图3-37所示。

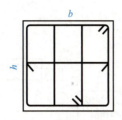

图3-37 箍筋配置示意

式中 b——梁截面宽度;
　　h——梁截面高度;
　　c——保护层;
　　d——箍筋直径;
　　D——纵筋直径。

案例解析

任务单:根据1#生产车间图纸,对该工程标高3.5 m处Ⓐ轴/①~⑤轴的KL1的钢筋工程进行计量。

解析:工程量清单编制表见表3-46。

钢筋工程量计算

表3-46 工程量清单编制表

工程名称:1#生产车间

序号	项目编码	项目名称	项目特征	计量单位	工程量	金额/元		
						综合单价	合价	其中
								暂估价

任务七　门窗工程量清单的编制

能力一　门工程量计算

学习目标

1. 能了解门工程清单项目的设置;
2. 能掌握各种门工程量计算规则及计算公式;
3. 能正确计算相关工程量并编制工程量清单;
4. 能培养学生熟悉行业规范、各项法规、政策并熟练运用的能力。

规范学习

一、木门

木门规范内容见表3-47。

表3-47　木门规范内容

项目编码	项目名称	项目特征	计量单位	工程量计算规则	工作内容
010801001	木质门	1. 门代号及洞口尺寸 2. 镶嵌玻璃品种、厚度	1. 樘 2. m²	1. 以樘计量,按设计图示数量计算 2. 以平方米计量,按设计图示洞口尺寸以面积计算	1. 门安装 2. 玻璃安装 3. 五金安装
010801002	木质门带套				
010801003	木质连窗门				
010801004	木质防火门				
010801005	木门框	1. 门代号及洞口尺寸 2. 框截面尺寸 3. 防护材料种类	1. 樘 2. m	1. 以樘计量,按设计图示数量计算 2. 以米计量,按设计图示框的中心线以延长米计算	1. 木门框制作、安装 2. 运输 3. 刷防护材料
010801006	门锁安装	1. 锁品种 2. 锁规格	个(套)	按设计图示数量计算	安装

二、金属门

金属门规范内容见表 3-48。

表 3-48　金属门规范内容

项目编码	项目名称	项目特征	计量单位	工程量计算规则	工作内容
010802001	金属(塑钢)门	1. 门代号及洞口尺寸 2. 门框或扇外围尺寸 3. 门框、扇材质 4. 玻璃品种、厚度	1. 樘 2. m²	1. 以樘计量，按设计图示数量计算 2. 以平方米计量，按设计图示洞口尺寸以面积计算	1. 门安装 2. 五金安装 3. 玻璃安装
010802002	彩板门	1. 门代号及洞口尺寸 2. 门框或扇外围尺寸			
010802003	钢质防火门	1. 门代号及洞口尺寸 2. 门框或扇外围尺寸 3. 门框、扇材质			1. 门安装 2. 五金安装
010702004	防盗门				

知识准备

一、适用范围

1. 木门

木门包括木质门、木质门带套、木质连窗门、木质防火门、木门框、门锁安装。

2. 金属门

金属门包括金属(塑钢)门、彩板门、钢质防火门、防盗门。

3. 金属卷帘(闸)门

金属卷帘(闸)门包括金属卷帘(闸)门、防火卷帘(闸)门。

4. 厂库房大门、特种门

厂库房大门、特种门包括木板大门、钢木大门、全钢板大门、防护铁丝门、金属格栅门、钢质花饰大门、特种门。

5. 其他门

其他门包括平开电子感应门、旋转门、电子对讲门、电动伸缩门、全玻自由门、镜面不锈钢饰面门、复合材料门。

二、计算公式

(1)木质门、木质门带套、木质连窗门、木质防火门、木门框：$n=樘(数量)$；

(2)门锁安装：$n=数量$；

(3)金属(塑钢)门、彩板门、钢质防火门、防盗门：$n=樘(数量)$；

(4)金属卷帘(闸)门、防火卷帘(闸)门：$n=樘(数量)$；

(5)木板大门、钢木大门、全钢板大门、防护铁丝门、金属格栅门、钢质花饰大门、特种门：$n=樘(数量)$；

(6)平开电子感应门、旋转门、电子对讲门、电动伸缩门、全玻自由门、镜面不锈钢饰面门、复合材料门：$n=樘(数量)$。

三、有关规定

1. 木门

(1)木质门应区分镶板木门、企口木板门、实木装饰门、胶合板门、夹板装饰门、木纱门、全玻门(带木质扇框)、木质半玻门(带木质扇框)等项目，分别编码列项；

(2)木门五金应包括折页、插销、门碰珠、弓背拉手、搭机、木螺栓、弹簧折页(自动门)、管子拉手(自由门、地弹门)、地弹簧(地弹门)、角铁、门轧头(地弹门、自由门)等；

(3)木质门带套计量按洞口尺寸以面积计算，不包括门套的面积；

(4)以樘计量，项目特征必须描述洞口尺寸，以平方米计量，项目特征可不描述洞口尺寸；

(5)单独制作安装木门框按木门框项目编码列项。

2. 金属门

(1)金属门应区分金属平开门、金属推拉门、金属地弹门、全玻门(带金属扇框)、金属半玻门(带扇框)等项目，分别编码列项；

(2)铝合金门五金包括地弹簧、门锁、拉手、门插、门铰、螺栓等；

(3)其他金属门五金包括L形执手插锁(双舌)、执手锁(单舌)、门轧头、地锁、防盗门机、门眼(猫眼)、门碰珠、电子锁(磁卡锁)、闭门器、装饰拉手等；

(4)以樘计量，项目特征必须描述洞口尺寸，没有洞口尺寸必须描述门框或扇外围尺寸，以平方米计量，项目特征可不描述洞口尺寸及框、扇的外围尺寸；

(5)以平方米计量，无设计图示洞口尺寸，按门框、扇外围以面积计算。

案例解析

任务单：根据1#生产车间图纸，对该工程首层门工程进行计量。

解析：$S=洞口宽度×洞口高度$

门工程计量

工程量清单编制表见表 3-49。

表 3-49　工程量清单编制表

工程名称：1#生产车间

序号	项目编码	项目名称	项目特征	计量单位	工程量	金额/元		
						综合单价	合价	其中 暂估价

能力二　窗工程量计算

> **学习目标**

1. 能了解窗工程清单项目的设置；
2. 能掌握各种窗工程量计算规则及计算公式；
3. 能正确计算相关工程量并编制工程量清单；
4. 能培养学生熟悉行业规范、各项法规、政策并熟练运用的能力。

> **规范学习**

一、木窗

木窗工程规范内容见表 3-50。

表 3-50　木窗工程规范内容

项目编码	项目名称	项目特征	计量单位	工程量计算规则	工作内容
010806001	木质窗	1. 窗代号及洞口尺寸 2. 玻璃品种、厚度	1. 樘 2. m²	1. 以樘计量，按设计图示数量计算 2. 以平方米计量，按设计图示洞口尺寸以面积计算	1. 窗安装 2. 五金、玻璃安装
010806002	木飘（凸）窗				
010806003	木橱窗	1. 窗代号 2. 框截面及外围展开面积 3. 玻璃品种、厚度 4. 防护材料种类		1. 以樘计量，按设计图示数量计算 2. 以平方米计量，按设计图示尺寸以框外围展开面积计算	1. 窗制作、运输、安装 2. 五金、玻璃安装 3. 刷防护材料

二、金属窗

金属窗工程规范内容见表3-51。

表3-51 金属窗工程规范内容

项目编码	项目名称	项目特征	计量单位	工程量计算规则	工作内容
010807001	金属(塑钢、断桥)窗	1. 窗代号及洞口尺寸 2. 框、扇材质 3. 玻璃品种、厚度	1. 樘 2. m²	1. 以樘计量,按设计图示数量计算 2. 以平方米计量,按设计图示洞口尺寸以面积计算	1. 窗安装 2. 五金、玻璃安装
010807002	金属防火窗	^	^	^	^
010807003	金属百叶窗	^	^	^	^
010807004	金属纱窗	1. 窗代号及框的外围尺寸 2. 框材质 3. 窗纱材料品种、规格		1. 以樘计量,按设计图示数量计算 2. 以平方米计量,按框的外围尺寸以面积计算	1. 窗安装 2. 五金安装

三、门窗套

门窗套规范内容见表3-52。

表3-52 门窗套规范内容

项目编码	项目名称	项目特征	计量单位	工程量计算规则	工作内容
010808001	木门窗套	1. 窗代号及洞口尺寸 2. 门窗套展开宽度 3. 基层材料种类 4. 面层材料品种、规格 5. 线条品种、规格 6. 防护材料种类	1. 樘 2. m² 3. m	1. 以樘计量,按设计图示数量计算 2. 以平方米计量,按设计图示尺寸以展开面积计算 3. 以米计量,按设计图示中心以延长米计算	1. 清理基层 2. 立筋制作、安装 3. 基层板安装 4. 面层铺贴 5. 线条安装 6. 刷防护材料
010 808 004	金属门窗套	1. 窗代号及洞口尺寸 2. 门窗套展开宽度 3. 基层材料种类 4. 面层材料品种、规格 5. 防护材料种类			1. 清理基层 2. 立筋制作、安装 3. 基层板安装 4. 面层铺贴 5. 刷防护材料
010808005	石材门窗套	1. 窗代号及洞口尺寸 2. 门窗套展开宽度 3. 粘结层厚度、砂浆配合比 4. 面层材料品种、规格 5. 线条品种、规格			1. 清理基层 2. 立筋制作、安装 3. 基层抹灰 4. 面层铺贴 5. 线条安装

四、窗台板

窗台板规范内容见表3-53。

表3-53 窗台板规范内容

项目编码	项目名称	项目特征	计量单位	工程量计算规则	工作内容
010809001	木窗台板	1. 基层材料种类 2. 窗台面板材质、规格、颜色 3. 防护材料种类	m^2	按设计图示尺寸以展开面积计算	1. 基层清理 2. 基层制作、安装 3. 窗台板制作、安装 4. 刷防护材料
010809002	铝塑窗台板	^	^	^	^
010809003	金属窗台板	^	^	^	^
010809004	石材窗台板	1. 粘结层厚度、砂浆配合比 2. 窗台板材质、规格、颜色	^	^	1. 基层清理 2. 抹找平层 3. 窗台板制作、安装

> **知识准备**

一、适用范围

(1)木窗：包括木质窗、木飘(凸)窗、木橱窗、木纱窗。
(2)金属窗：包括金属(塑钢、断桥)窗、金属防火窗、金属百叶窗、金属纱窗、金属格栅窗、金属(塑钢、断桥)橱窗、金属(塑钢、断桥)飘(凸)窗、彩板窗、复合材料窗。
(3)门窗套：包括木门窗套、木筒子板、饰面夹板筒子板、金属门窗套、石材门窗套、门窗木贴脸、成品木门窗套。
(4)窗台板：包括木窗台板、铝塑窗台板、金属窗台板、石材窗台板。
(5)窗帘、窗帘盒、轨：包括窗帘，木窗帘盒，饰面夹板、塑料窗帘盒，铝合金窗帘盒、窗帘轨。

二、计算公式

(1)木质窗、木纱窗：以樘计量，n＝樘(数量)；以平方米计量，S＝洞口尺寸面积；
(2)木飘(凸)窗、木橱窗：以樘计量，n＝樘(数量)；以平方米计量，S＝框外围展开面积；
(3)金属(塑钢、断桥)窗、金属防火窗、金属百叶窗、金属纱窗、金属格栅窗：以樘计量，n＝樘(数量)；以平方米计量，S＝洞口尺寸面积；
(4)金属(塑钢、断桥)橱窗、金属(塑钢、断桥)飘(凸)窗：以樘计量，n＝樘(数量)；以平方米计量，S＝框外围展开面积；

(5)彩板窗：以樘计量，n＝樘（数量）；以平方米计量，S＝洞口尺寸面积或框外围面积；

(6)木门窗套、金属门窗套、石材门窗套：以樘计量，n＝樘（数量）；以平方米计量，S＝展开面积；以米计量，L＝图示中心延长米；

(7)成品木门窗套：以樘计量，n＝樘（数量）；以平方米计量，S＝展开面积；以米计量，L＝图示尺寸延长米；

(8)木窗台板、铝塑窗台板、金属窗台板、石材窗台板：S＝展开面积；

(9)窗帘：以米计量，L＝图示尺寸延长米；以平方米计量，S＝展开面积；

(10)木窗帘盒、饰面夹板、塑料窗帘盒、铝合金窗帘盒、窗帘轨：L＝图示尺寸延长米。

三、有关规定

1. 木窗

(1)木质窗应区分木百叶窗、木组合窗、木天窗、木固定窗、木装饰空花窗等项目，分别编码列项。

(2)以樘计量，项目特征必须描述洞口尺寸，没有洞口尺寸必须描述窗框外围尺寸，以平方米计量，项目特征可不描述洞口尺寸及框的外围尺寸。

(3)以平方米计量，无设计图示洞口尺寸，按窗框外围以面积计算。

(4)木飘(凸)窗、木橱窗以樘计量，项目特征必须描述框截面及外围展开面积。

(5)木窗五金包括折页、插销、风钩、木螺栓、滑楞滑轨(推拉窗)等。

(6)窗开启方式指平开、推拉、上或中悬。

(7)窗形状指矩形或异形。

2. 金属窗

(1)金属窗应区分金属组合窗、防盗窗等项目，分别编码列项；

(2)以樘计量，项目特征必须描述洞口尺寸，没有洞口尺寸必须描述窗框外围尺寸，以平方米计量，项目特征可不描述洞口尺寸及框的外围尺寸；

(3)以平方米计量，无设计图示洞口尺寸，按窗框外围以面积计算；

(4)金属橱窗、飘(凸)窗以樘计量，项目特征必须描述框外围展开面积；

(5)金属窗中铝合金窗五金应包括卡锁、滑轮、铰拉、执手、拉把、拉手、风撑、角码、牛角制等；

(6)其他金属窗五金包括折页、螺栓、执手、卡锁、风撑、滑轮滑轨(推拉窗)等。

案例解析

任务单：根据1#生产车间图纸，对该工程首层窗工程进行计量。

解析： S＝洞口宽度×洞口高度

窗工程计量

工程量清单编制表见表3-54。

表3-54 工程量清单编制表

工程名称：1#生产车间

序号	项目编码	项目名称	项目特征	计量单位	工程量	金额/元		
						综合单价	合价	其中
								暂估价

任务八　屋面及防水工程量清单的编制

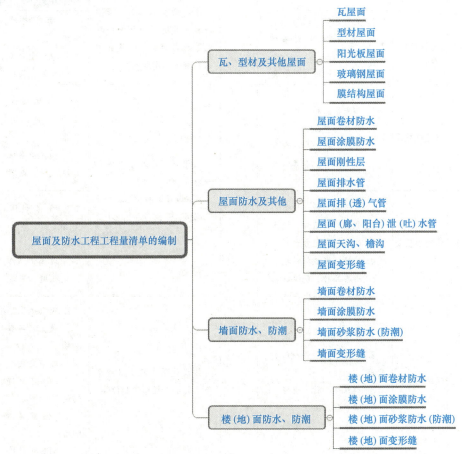

能力一　瓦、型材及其他屋面

学习目标

1. 了解瓦、型材及其他屋面工程清单项目的设置；
2. 能掌握各种屋面工程量计算规则及计算公式；
3. 能正确计算相关工程量并编制工程量清单；
4. 培养学生具有观察、分析、判断、解决问题的能力和创新能力。

规范学习

瓦、型材及其他屋面规范内容见表 3-55。

表 3-55　瓦、型材及其他屋面规范内容

项目编码	项目名称	项目特征	计量单位	工程量计算规则	工作内容
010901001	瓦屋面	1. 瓦品种、规格 2. 粘结层砂浆的配合比		按设计图示尺寸以斜面积计算。 不扣除房上烟囱、风帽底座、风道、小气窗、斜沟等所占面积。小气窗的出檐部分不增加面积	1. 砂浆制作、运输、摊铺、养护 2. 安瓦、作瓦脊
010901002	型材屋面	1. 型材品种、规格 2. 金属檩条材料品种、规格 3. 接缝、嵌缝材料种类			1. 檩条制作、运输、安装 2. 屋面型材安装 3. 接缝、嵌缝
010901003	阳光板屋面	1. 阳光板品种、规格 2. 骨架材料品种、规格 3. 接缝、嵌缝材料种类 4. 油漆品种、刷漆遍数	m²	按设计图示尺寸以斜面积计算。 不扣除屋面面积≤0.3 m² 孔洞所占面积	1. 骨架制作、运输、安装、刷防护材料、油漆 2. 阳光板安装 3. 接缝、嵌缝
010901004	玻璃钢屋面	1. 玻璃钢品种、规格 2. 骨架材料品种、规格 3. 玻璃钢固定方式 4. 接缝、嵌缝材料种类 5. 油漆品种、刷漆遍数			1. 骨架制作、运输、安装、刷防护材料、油漆 2. 玻璃钢制作、安装 3. 接缝、嵌缝
010901005	膜结构屋面	1. 膜布品种、规格 2. 支柱（网架）钢材品种、规格 3. 钢丝绳品种、规格 4. 锚固基座做法 5. 油漆品种、刷漆遍数		按设计图示尺寸以需要覆盖的水平投影面积计算	1. 膜布热压胶接 2. 支柱（网架）制作、安装 3. 膜布安装 4. 穿钢丝绳、锚头锚固 5. 锚固基座挖土、回填 6. 刷防护材料，油漆

知识准备

一、相关说明

(1)屋面的作用有承重、围护(防水、排水、隔热、保温、防辐射)、造型、采光。

(2)屋面工程的分类。

1)按建筑形式可分为平屋面、坡屋面、异形屋面;

2)按保温防水材料可分为卷材防水屋面、涂膜防水屋面、刚性防水屋面、瓦屋面、隔热屋面;

3)按防水层、保温层的施工顺序可分为顺置式屋面(保温层在下,防水层在上)、倒置式屋面(防水层在下,保温层在上);

4)按使用功能可划分为上人屋面和不上人屋面。

(3)屋面工程基本组成如图3-38所示。

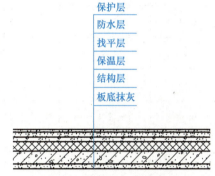

图 3-38 屋面工程基本组成

二、计算公式

(1)瓦屋面、型材屋面:$S_{斜}=S_{平}\times$屋面延尺系数。

(2)阳光板屋面、玻璃钢屋面:$=S_{平}\times$屋面延尺系数。

(3)膜结构屋面:$S=$需要覆盖的水平投影面积。

屋面坡度系数如图3-39所示,常用屋面坡度系数表见表3-56。

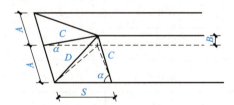

图 3-39 屋面坡度系数

1. 两坡排水屋面面积为屋面水平投影面积乘以坡度系数C;

2. 四坡排水屋面斜脊长度为$A\times D$(当$S=A$时);

3. 沿山墙泛水长度为$A\times C$。

表 3-56 屋面坡度系数表

坡度 $B(A=1)$	坡度 $B/2A$	坡度 角度(α)	延尺系数 C ($A=1$)	隅延尺系数 D ($A=1$)
1	1/2	45°	1.414 2	1.732 1

续表

坡度 $B(A=1)$	坡度 $B/2A$	坡度角度(α)	延尺系数 C ($A=1$)	隅延尺系数 D ($A=1$)
0.75		36°52′	1.250 0	1.600 8
0.70		35°	1.220 7	1.577 9
0.666	1/3	33°40′	1.201 5	1.562 0
0.65		33°01′	1.192 6	1.556 4
0.60		30°58′	1.166 2	1.536 2
0.577		30°	1.154 7	1.527 0
0.55		28°49′	1.141 3	1.517 0
0.50	1/4	26°34′	1.118 0	1.500 0
0.45		24°14′	1.096 6	1.483 9
0.40	1/5	21°48′	1.077 0	1.469 7
0.35		19°17′	1.059 4	1.456 9
0.30		16°42′	1.044 0	1.445 7
0.25		14°02′	1.030 8	1.436 2
0.20	1/10	11°19′	1.019 8	1.428 3
0.15		8°32′	1.011 2	1.422 1
0.125		7°8′	1.007 8	1.419 1
0.100	1/20	5°42′	1.005 0	1.417 7
0.083		4°45′	1.003 5	1.416 6
0.066	1/30	3°49′	1.002 2	1.415 7

三、注意事项

(1)瓦屋面,若是在木基层上铺瓦,项目特征不必描述粘结层砂浆的配合比,瓦屋面铺防水层,按屋面防水及其他中相关项目编码列项。

(2)型材屋面、阳光板屋面、玻璃钢屋面的柱、梁、屋架,按金属结构工程、木结构工程中相关项目编码列项。

【例 3-14】 某四坡屋面水平面如图 3-40 所示，设计屋面坡度为 0.5，计算斜面积、斜脊长、正脊长。

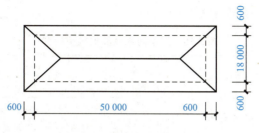

图 3-40　某四坡屋面水平面

【解】屋面坡度 $=B/A=0.5$，查屋面坡度系数表得 $C=1.118$。
屋面斜面积 $=(50+0.6×2)×(18+0.6×2)×1.118=1\,099.04(\text{m}^2)$。
查屋面坡度系数表得 $D=1.5$，单面斜脊长 $=A×D=9.6×1.5=14.4(\text{m})$。
斜脊总长：$4×14.4=57.6(\text{m})$。
正脊长度 $=(50+0.6×2)-9.6×2=32(\text{m})$。

案例解析

任务单： 根据 1# 生产车间图纸，对该工程屋面工程进行计量。
解析： $S=$ 屋面长度 × 屋面宽度
工程量清单编制表见表 3-57。

屋面工程计量

表 3-57　工程量清单编制表

工程名称：1# 生产车间

序号	项目编码	项目名称	项目特征	计量单位	工程量	金额/元		
						综合单价	合价	其中
								暂估价

能力二　屋面防水及其他

学习目标

1. 能了解屋面防水及其他工程清单项目的设置；
2. 能掌握各项目工程量计算规则及计算公式；
3. 能正确计算相关工程量并编制工程量清单；
4. 能培养学生具有组织、协调和沟通能力。

屋面防水及其他规范内容见表3-58。

表3-58 屋面防水及其他规范内容

项目编码	项目名称	项目特征	计量单位	工程量计算规则	工作内容
010902001	屋面卷材防水	1. 卷材品种、规格、厚度 2. 防水层数 3. 防水层做法	m²	按设计图示尺寸以面积计算。 1. 斜屋顶(不包括平屋顶找坡)按斜面积计算,平屋顶按水平投影面积计算 2. 不扣除房上烟囱、风帽底座、风道、屋面小气窗和斜沟所占面积 3. 屋面的女儿墙、伸缩缝和天窗等处的弯起部分,并入屋面工程量内	1. 基层处理 2. 刷底油 3. 铺油毡卷材、接缝
010902002	屋面涂膜防水	1. 防水膜品种 2. 涂膜厚度、遍数 3. 增强材料种类			1. 基层处理 2. 刷基层处理剂 3. 铺布、喷涂防水层
010902003	屋面刚性层	1. 刚性层厚度 2. 混凝土种类 3. 混凝土强度等级 4. 嵌缝材料种类 5. 钢筋规格、型号		按设计图示尺寸以面积计算。不扣除房上烟囱、风帽底座、风道等所占面积	1. 基层处理 2. 混凝土制作、运输、铺筑、养护 3. 钢筋制安
010902004	屋面排水管	1. 排水管品种、规格 2. 雨水斗、山墙出水口品种、规格 3. 接缝、嵌缝材料种类 4. 油漆品种、刷漆遍数	m	按设计图示尺寸以长度计算。如设计未标注尺寸,以檐口至设计室外散水上表面垂直距离计算	1. 排水管及配件安装、固定 2. 雨水斗、山墙出水口、雨水篦子安装 3. 接缝、嵌缝 4. 刷漆
010902005	屋面排(透)气管	1. 排(透)气管品种、规格 2. 接缝、嵌缝材料种类 3. 油漆品种、刷漆遍数		按设计图示尺寸以长度计算	1. 排(透)气管及配件安装、固定 2. 铁件制作、安装 3. 接缝、嵌缝 4. 刷漆
010902006	屋面(廊、阳台)泄(吐)水管	1. 吐水管品种、规格 2. 接缝、嵌缝材料种类 3. 吐水管长度 4. 油漆品种、刷漆遍数	根(个)	按设计图示数量计算	1. 水管及配件安装、固定 2. 接缝、嵌缝 3. 刷漆
010902007	屋面天沟、檐沟	1. 材料品种、规格 2. 接缝、嵌缝材料种类	m²	按设计图示尺寸以展开面积计算	1. 天沟材料铺设 2. 天沟配件安装 3. 接缝、嵌缝 4. 刷防护材料
010902008	屋面变形缝	1. 嵌缝材料种类 2. 止水带材料种类 3. 盖缝材料 4. 防护材料种类	m	按设计图示以长度计算	1. 清缝 2. 填塞防水材料 3. 止水带安装 4. 盖缝制作、安装 5. 刷防护材料

知识准备

一、适用范围

(1)屋面卷材防水项目适用利用胶结材料粘贴卷材进行防水的屋面,如高聚物改性沥青防水卷材屋面。

(2)屋面涂膜防水是指在基层上涂刷防水涂料,经固化后形成具有防水效果的薄膜。

(3)屋面刚性防水项目适用细石混凝土、补偿收缩混凝土、块体混凝土、预应力混凝土和钢纤维混凝土等刚性防水屋面。

(4)屋面排水管项目适用各种排水管材(PVC 管、玻璃、钢管、铸铁管等)项目。

(5)屋面天沟、檐沟防水项目适用屋面有组织排水构造。

二、计算公式

(1)屋面卷材防水、屋面涂膜防水:$S=$设计图示面积。

1)斜屋顶 $S_{斜}=S_{平}\times$屋面延尺系数;

2)不扣除房上烟囱、风帽底座、风道、屋面小气窗和斜沟所占面积;

3)屋面的女儿墙、伸缩缝和天窗等处的弯起部分(弯起部分按 500 mm 计算),并入屋面工程量内,如图 3-41 所示。

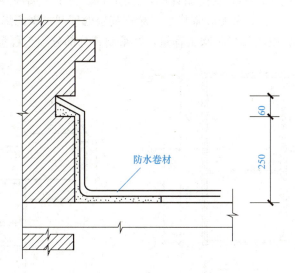

图 3-41 屋面女儿墙防水卷材弯起示意

①当屋面上为女儿墙时:
$$S=S_{底}+(L_{中}-4\times 女儿墙厚)\times 上翻高度$$

②当屋面上有挑檐时,如图 3-42 所示。
$$S=S_{底}+L_{外}\times 檐宽+4\times 檐宽^2+[L_{外}+8\times(檐宽-沿厚)]\times 上翻高度$$

(2)屋面刚性层:$S=$设计图示面积,不扣除房上烟囱、风帽底座、风道等所占面积。

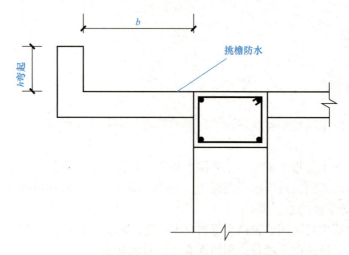

图 3-42 屋面女儿墙防水卷材弯起示意

(3)屋面排水管:$L=$设计图示长度,如设计未标注尺寸,以檐口至设计室外散水上表面垂直距离计算。

(4)屋面排(透)气管:$L=$设计图示长度。

(5)屋面(廊、阳台)吐水管:$n=$设计图示数量。

(6)屋面天沟、檐沟:$S=$展开面积。

(7)屋面变形缝:$L=$设计图示长度。

【例 3-15】 某工程建筑平面及挑檐详图,如图 3-43 所示。墙厚均为 240 mm。屋面防水做法为:20 mm 厚 1:2.5 水泥砂浆找平、涂刷基层处理剂、聚乙烯丙纶双面复合卷材一道上翻 200 mm。计算屋面卷材防水工程量,并编制其分部分项工程量清单。

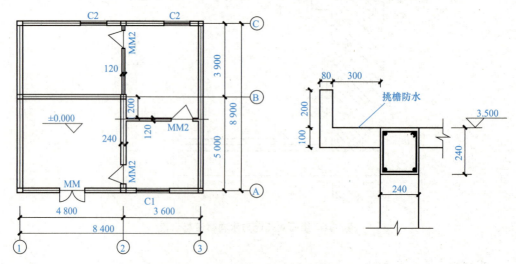

图 3-43 某建筑物平面图及挑檐详图

【解】 根据屋面卷材防水清单工程量计算规则

$$S=S_{底}+(L_{外}+4\times b)\times b+(L_{外}+8\times b)\times h_{弯起}$$

其中
$$S_{底}=(8.4+0.24)\times(8.9+0.24)=78.97(m^2)$$

$L_{外}=[(8.4+0.24)+(8.9+0.24)]\times 2=35.56(m)$

$b=挑檐宽-立板厚=0.3\ m\quad h_{弯起}=200\ mm=0.2(m)$

$S=78.97+(35.56+4\times 0.3)\times 0.3+(35.56+8\times 0.3)\times 0.2=97.59(m^2)$

工程量清单编制表见表3-59。

表3-59 工程量清单编制表

工程名称：某工程

序号	项目编码	项目名称	项目特征	计量单位	工程量	金额/元		
						综合单价	合价	其中 暂估价
1	010902001001	屋面卷材防水	1.20 mm厚1:2.5水泥砂浆找平；涂刷基层处理剂；聚乙烯丙纶双面复合卷材一道上翻200 mm	m²	97.59			

三、注意事项

(1)屋面刚性层防水，按屋面卷材防水、屋面涂膜防水项目编码列项；屋面刚性层无钢筋，其钢筋项目特征不必描述。

(2)屋面找平层按楼地面装饰工程"平面砂浆找平层"项目编码列项。

(3)屋面防水搭接及附加层用量不另行计算，在综合单价中考虑。

(4)屋面找平层按楼地面装饰工程"平面砂浆找平层"项目编码列项。

(5)屋面防水搭接及附加层用量不另行计算，在综合单价中考虑。

案例解析

任务单：根据1#生产车间图纸，对该工程屋面防水工程进行计量。

解析：$S=$屋面长度$\times$屋面宽度$+$弯起面积

工程量清单编制表见表3-60。

防水工程计量

表3-60 工程量清单编制表

工程名称：1#生产车间

序号	项目编码	项目名称	项目特征	计量单位	工程量	金额/元		
						综合单价	合价	其中 暂估价

能力三　墙面防水、防潮

学习目标

1. 能了解墙面防水、防潮工程清单项目的设置；
2. 能掌握各项目工程量计算规则及计算公式；
3. 能正确计算相关工程量并编制工程量清单；
4. 能培养学生熟悉行业规范、各项法规、政策并熟练运用的能力。

规范学习

墙面防水、防潮规范内容见表3-61。

表3-61　墙面防水、防潮规范内容

项目编码	项目名称	项目特征	计量单位	工程量计算规则	工作内容
010903001	墙面卷材防水	1. 卷材品种、规格、厚度 2. 防水层数 3. 防水层做法	m²	按设计图示尺寸以面积计算	1. 基层处理 2. 刷粘结剂 3. 铺防水卷材 4. 接缝、嵌缝
010903002	墙面涂膜防水	1. 防水膜品种 2. 涂膜厚度、遍数 3. 增强材料种类	m²	按设计图示尺寸以面积计算	1. 基层处理 2. 刷基层处理剂 3. 铺布、喷涂防水层
010903003	墙面砂浆防水（防潮）	1. 防水层做法 2. 砂浆厚度、配合比 3. 钢丝网规格	m²	按设计图示尺寸以面积计算	1. 基层处理 2. 挂钢丝网片 3. 设置分格缝 4. 砂浆制作、运输、摊铺、养护
010903004	墙面变形缝	1. 嵌缝材料种类 2. 止水带材料种类 3. 盖缝材料 4. 防护材料种类	m	按设计图示以长度计算	1. 清缝 2. 填塞防水材料 3. 止水带安装 4. 盖缝制作、安装 5. 刷防护材料

知识准备

一、计算公式

（1）墙面卷材防水、墙面涂膜防水、墙面砂浆防水（防潮）：

$$墙基防水层工程量＝防水层长×防水层宽$$
$$墙身防水层工程量＝防水层长×防水层高$$

式中，外墙基防水层长度取 $L_{中}$，内墙基防水层长度取 $L_{净}$；外墙面防水层长度取 $L_{外}$，内墙面防水层长度取 $L_{净}$。

(2) 墙面涂膜防水：S＝设计图示尺寸面积。
(3) 墙面砂浆防水（防潮）：S＝设计图示尺寸面积。
(4) 墙面变形缝：L＝设计图示长度。

二、注意事项

(1) 墙面防水搭接及附加层用量不另行计算，在综合单价中考虑；
(2) 墙面变形缝，若做双面，工程量乘系数 2；
(3) 墙面找平层按墙、柱面装饰与隔断工程"立面砂浆找平层"项目编码列项。

案例解析

任务单：根据1#生产车间图纸，对该工程首层⑭轴～⑤轴/Ⓐ～Ⓒ轴办公室－0.006 m处墙身防潮工程进行计量。

解析：S＝防水层长×防水层宽
工程量清单编制表见表3-62。

墙身防潮工程计量

表3-62 工程量清单编制表

工程名称：1#生产车间

序号	项目编码	项目名称	项目特征	计量单位	工程量	金额/元		
						综合单价	合价	其中
								暂估价

能力四　楼(地)面防水、防潮

学习目标

1. 能了解楼(地)面防水、防潮工程清单项目的设置；
2. 能掌握各项目工程量计算规则及计算公式；
3. 能正确计算相关工程量并编制工程量清单；
4. 能培养学生具有良好的工作态度、责任心、团队意识、协作能力，并能吃苦耐劳。

规范学习

楼(地)面防水、防潮规范内容见表3-63。

表3-63 楼(地)面防水、防潮规范内容

项目编码	项目名称	项目特征	计量单位	工程量计算规则	工作内容
010904001	楼(地)面卷材防水	1. 卷材品种、规格、厚度 2. 防水层数 3. 防水层做法 4. 反边高度	m^2	按设计图示尺寸以面积计算。 1. 楼(地)面防水：按主墙间净空面积计算，扣除凸出地面的构筑物、设备基础等所占面积，不扣除间壁墙及单个面积≤0.3 m^2柱、垛、烟囱和孔洞所占面积 2. 楼(地)面防水反边高度≤300 mm算作地面防水，反边高度＞300 mm按墙面防水计算	1. 基层处理 2. 刷粘结剂 3. 铺防水卷材 4. 接缝、嵌缝
010904002	楼(地)面涂膜防水	1. 防水膜品种 2. 涂膜厚度、遍数 3. 增强材料种类 4. 反边高度			1. 基层处理 2. 刷基层处理剂 3. 铺布、喷涂防水层
010904003	楼(地)面砂浆防水(防潮)	1. 防水层做法 2. 砂浆厚度、配合比 3. 反边高度			1. 基层处理 2. 砂浆制作、运输、摊铺、养护
010904004	楼(地)面变形缝	1. 嵌缝材料种类 2. 止水带材料种类 3. 盖缝材料 4. 防护材料种类	m	按设计图示以长度计算	1. 清缝 2. 填塞防水材料 3. 止水带安装 4. 盖缝制作、安装 5. 刷防护材料

知识准备

一、计算公式

(1)楼(地)面卷材防水、楼(地)面涂膜防水、楼(地)面砂浆防水(防潮)：按设计图示尺寸以面积计算。

1)楼(地)面防水：按主墙间净空面积计算，扣除凸出地面的构筑物、设备基础等所占面积，不扣除间壁墙及单个面积≤0.3 m^2 柱、垛、烟囱和孔洞所占面积。

2)楼(地)面防水反边高度≤300 mm算作地面防水，反边高度＞300 mm按墙面防水计算。

(2)楼(地)面变形缝：按设计图示以长度计算。

二、注意事项

(1)楼(地)面防水找平层按楼地面装饰工程"平面砂浆找平层"项目编码列项。

(2)楼(地)面防水搭接及附加层用量不另行计算，在综合单价中考虑。

案例解析

任务单： 根据1#生产车间图纸，对该工程二层④～⑭轴/Ⓐ～Ⓑ轴卫生间楼地面防水工程进行计量。

解析： $S_{地面}$＝防水层长×防水层宽＋地面周长×反边高度（反边高度≤300 mm 时）

$S_{墙面}$＝地面周长×反边高度（反边高度＞300 mm 时）

楼地面防水工程计量

工程量清单编制表见表3-64。

表3-64 工程量清单编制表

工程名称：1#生产车间

序号	项目编码	项目名称	项目特征	计量单位	工程量	金额/元		
						综合单价	合价	其中
								暂估价

任务九　保温、隔热、防腐工程量清单的编制

思维导图

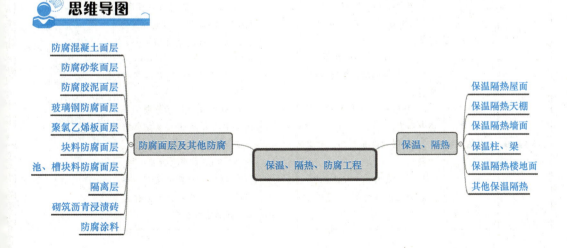

能力一 保温、隔热工程量计算

学习目标

1. 能了解保温、隔热工程清单项目的设置；
2. 能掌握各项目工程量计算规则及计算公式；
3. 能正确计算相关工程量并编制工程量清单；
4. 能培养学生具有观察、分析、判断、解决问题的能力和创新能力。

规范学习

保温、隔热工程规范内容见表3-65。

表3-65 保温、隔热工程规范内容

项目编码	项目名称	项目特征	计量单位	工程量计算规则	工作内容
011001001	保温隔热屋面	1. 保温隔热材料品种、规格、厚度 2. 隔气层材料品种、厚度 3. 粘结材料种类、做法 5. 防护材料种类、做法	m²	按设计图示尺寸以面积计算。扣除面积>0.3 m²孔洞及占位面积	1. 基层清理 2. 刷粘结材料 3. 铺粘保温层 4. 铺、刷（喷）防护材料
011001002	保温隔热天棚	1. 保温隔热面层材料品种、规格、性能 2. 保温隔热材料品种、规格及厚度 3. 粘结材料种类及做法 4. 防护材料种类及做法	m²	按设计图示尺寸以面积计算。扣除面积>0.3 m²上柱、垛、孔洞所占面积，与天棚相连的梁按展开面积，计算并入天棚工程量内	
011001003	保温隔热墙面	1. 保温隔热部位 2. 保温隔热方式 3. 踢脚线、勒脚线保温做法 4. 龙骨材料品种、规格 5. 保温隔热面层材料品种、规格、性能 6. 保温隔热材料品种、规格及厚度 7. 增强网及抗裂防水砂浆种类 8. 粘结材料种类及做法 9. 防护材料种类及做法	m²	按设计图示尺寸以面积计算。扣除门窗洞口以及面积>0.3 m²梁、孔洞所占面积；门窗洞口侧壁以及与墙相连的柱，并入保温墙体工程量内	1. 基层清理 2. 刷界面剂 3. 安装龙骨 4. 填贴保温材料 5. 保温板安装 6. 粘贴面层 7. 铺设增强格网、抹抗裂、防水砂浆面层 8. 嵌缝 9. 铺、刷（喷）防护材料
011001004	保温柱、梁			按设计图示尺寸以面积计算 1. 柱按设计图示柱断面保温层中心线展开长度乘保温层高度以面积计算，扣除面积>0.3 m²梁所占面积 2. 梁按设计图示梁断面保温层中心线展开长度乘保温层长度以面积计算	

续表

项目编码	项目名称	项目特征	计量单位	工程量计算规则	工作内容
011001005	保温隔热楼地面	1. 保温隔热部位 2. 保温隔热材料品种、规格、厚度 3. 隔气层材料品种、厚度 4. 粘结材料种类、做法 5. 防护材料种类、做法	m²	按设计图示尺寸以面积计算。扣除面积>0.3 m²柱、垛、孔洞所占面积。门洞、空圈、暖气包槽、壁龛的开口部分不增加面积	1. 基层清理 2. 刷粘结材料 3. 铺粘保温层 4. 铺、刷(喷)防护材料
011001006	其他保温隔热	1. 保温隔热部位 2. 保温隔热方式 3. 隔气层材料品种、厚度 4. 保温隔热面层材料品种、规格、性能 5. 保温隔热材料品种、规格及厚度 6. 粘结材料种类及做法 7. 增强网及抗裂防水砂浆种类 8. 防护材料种类及做法	m²	按设计图示尺寸以展开面积计算。扣除面积>0.3 m²孔洞及占位面积	1. 基层清理 2. 刷界面剂 3. 安装龙骨 4. 填贴保温材料 5. 保温板安装 6. 粘贴面层 7. 铺设增强格网、抹抗裂防水砂浆面层 8. 嵌缝 9. 铺、刷(喷)防护材料

知识准备

一、计算公式

(1)保温隔热屋面:按设计图示尺寸以面积计算。扣除面积>0.3 m²孔洞及占位面积。

(2)保温隔热天棚:按设计图示尺寸以面积计算。扣除面积>0.3 m²上柱、垛、孔洞所占面积。

(3)保温隔热墙面:按设计图示尺寸以面积计算。扣除门窗洞口以及面积>0.3 m²梁、孔洞所占面积;门窗洞口侧壁需做保温时,并入保温墙体工程量内。

(4)保温柱、梁:按设计图示尺寸以面积计算。

1)柱按设计图示柱断面保温层中心线展开长度乘保温层高度以面积计算,扣除面积>0.3 m²梁所占面积;

2)梁按设计图示梁断面保温层中心线展开长度乘保温层长度以面积计算。

(5)保温隔热楼地面：按设计图示尺寸以面积计算。扣除面积＞0.3 m² 柱、垛、孔洞所占面积。门洞、空圈、暖气包槽、壁龛的开口部分不增加面积。

(6)其他保温隔热：按设计图示尺寸以展开面积计算。扣除面积＞0.3 m² 孔洞及占位面积。

二、注意事项

(1)保温隔热装饰面层，按"计算规范"中相关项目编码列项；仅做找平层按楼地面装饰工程"平面砂浆找平层"或墙、柱面装饰与隔断、幕墙工程"立面砂浆找平层"项目编码列项；

(2)柱帽保温隔热应并入天棚保温隔热工程量内；

(3)池槽保温隔热应按其他保温隔热项目编码列项；

(4)保温隔热方式是指内保温、外保温、夹心保温。

案例解析

墙面保温工程计量

任务单：根据1#生产车间图纸，对该工程墙面保温工程进行计量。

解析：$S=$保温长度×保温高度－门窗洞口面积＋门窗侧壁面积

工程量清单编制表见表3-66。

表3-66 工程量清单编制表

工程名称：1#生产车间

序号	项目编码	项目名称	项目特征	计量单位	工程量	金额/元		其中
						综合单价	合价	暂估价

能力二　防腐面层及其他防腐工程量计算

学习目标

1. 能了解防腐工程清单项目的设置；
2. 能掌握各项目工程量计算规则及计算公式；
3. 能正确计算相关工程量并编制工程量清单；
4. 能培养学生具有观察、分析、判断、解决问题的能力和创新能力。

规范学习

防腐面层规范内容见表 3-67。

表 3-67 防腐面层规范内容

项目编码	项目名称	项目特征	计量单位	工程量计算规则	工作内容
011002001	防腐混凝土面层	1. 防腐部位 2. 面层厚度 3. 混凝土种类 4. 胶泥种类、配合比	m²	按设计图示尺寸以面积计算。 1. 平面防腐：扣除凸出地面的构筑物、设备基础等以及面积＞0.3 m² 孔洞、柱、垛所占面积，门洞、空圈、暖气包槽、壁龛的开口部分不增加面积 2. 立面防腐：扣除门、窗、洞口以及面积＞0.3 m² 孔洞、梁所占面积，门、窗、洞口侧壁、垛凸出部分按展开面积并入墙面积内	1. 基层清理 2. 基层刷稀胶泥 3. 混凝土制作、运输、摊铺、养护
011002002	防腐砂浆面层	1. 防腐部位 2. 面层厚度 3. 砂浆、胶泥种类、配合比			1. 基层清理 2. 基层刷稀胶泥 3. 砂浆制作、运输、摊铺、养护
011002003	防腐胶泥面层	1. 防腐部位 2. 面层厚度 3. 胶泥种类、配合比			1. 基层清理 2. 胶泥调制、摊铺
011002004	玻璃钢防腐面层	1. 防腐部位 2. 玻璃钢种类 3. 贴布材料的种类、层数 4. 面层材料品种			1. 基层清理 2. 刷底漆、刮腻子 3. 胶浆配制、涂刷 4. 粘布、涂刷面层
011002005	聚氯乙烯板面层	1. 防腐部位 2. 面层材料品种、厚度 3. 粘结材料种类			1. 基层清理 2. 配料、涂胶 3. 聚氯乙烯板铺设
011002006	块料防腐面层	1. 防腐部位 2. 块料品种、规格 3. 粘结材料种类 4. 勾缝材料种类			1. 基层清理 2. 铺贴块料 3. 胶泥调制、勾缝
011002007	池、槽块料防腐面层	1. 防腐池、槽名称、代号 2. 块料品种、规格 3. 粘结材料种类 4. 勾缝材料种类		按设计图示尺寸以展开面积计算	

知识准备

一、计算公式

（1）防腐混凝土面层、防腐砂浆面层、防腐胶泥面层、玻璃钢防腐面层、聚氯乙烯板面层、块料防腐面层：按设计图示尺寸以面积计算。

1) 平面防腐：扣除凸出地面的构筑物、设备基础等以及面积>0.3 m² 孔洞、柱、垛所占面积，门洞、空圈、暖气包槽、壁龛的开口部分不增加面积；

2) 立面防腐：扣除门、窗、洞口以及面积>0.3 m² 孔洞、梁所占面积，门、窗、洞口侧壁、垛凸出部分按展开面积并入墙面积内。

(2) 池、槽块料防腐面层：按设计图示尺寸以展开面积计算。

二、注意事项

防腐踢脚线，应按楼地面装饰工程"踢脚线"项目编码列项。

浸渍砖砌法只平砌、立砌。

【例 3-16】 某库房地面做 1:0.533:0.533:3.121 不发火沥青砂浆防腐面层，踢脚线抹 1:0.3:1.5:4 铁屑砂浆，厚度均为 20 mm，踢脚线高度 200 mm，如图 3-44 所示。墙厚均为 240 mm，门洞地面做防腐面层，侧边不做踢脚线。根据"计算规范"计算该库房工程防腐面层及踢脚线的分部分项工程量。

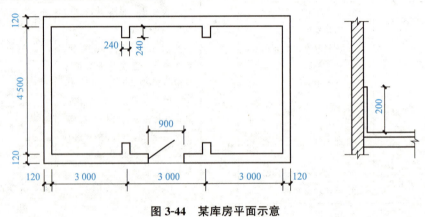

图 3-44 某库房平面示意

【解】 防腐砂浆面层：$S = (9.00 - 0.24) \times (4.50 - 0.24) = 37.32 (m^2)$

砂浆踢脚线：$L = [(9.00 - 0.24 + 0.24 \times 3 \times 2 + 4.5 - 0.24) \times 2 - 0.90] \times 0.2$
$= 5.60 (m^2)$

工程量清单编制表见表 3-68。

表 3-68 工程量清单编制表

工程名称：某库房

序号	项目编码	项目名称	项目特征	计量单位	工程量	金额/元	
						综合单价	合价
1	011002002001	防腐砂浆面层	1. 防腐部位：地面 2. 厚度：20mm 3. 砂浆种类、配合比：不发火沥青砂浆 1:0.533:0.533:3.121	m²	37.32		
2	011105001001	铁屑砂浆踢脚线	1. 踢脚线高度：200 mm 2. 厚度、砂浆配合比：20 mm，铁屑砂浆 1:0.3:1.5:4	m²	5.60		

任务十　楼地面装饰工程量清单的编制

思维导图

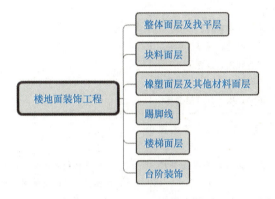

能力一　整体面层及找平层工程量计算

学习目标

1. 能了解整体面积及找平层工程清单项目的设置；
2. 能掌握各项目工程量计算规则及计算公式；
3. 能正确计算相关工程量并编制工程量清单；
4. 能培养学生具有观察、分析、判断、解决问题的能力和创新能力。

规范学习

整体面层及找平层规范内容见表 3-69。

表 3-69　整体面层及找平层规范内容

项目编码	项目名称	项目特征	计量单位	工程量计算规则	工作内容
011101001	水泥砂浆楼地面	1. 找平层厚度、砂浆配合比 2. 素水泥浆遍数 3. 面层厚度、砂浆配合比 4. 面层做法要求	m²	按设计图示尺寸以面积计算。扣除凸出地面构筑物、设备基础、室内铁道、地沟等所占面积，不扣除间壁墙及≤0.3 m²柱、垛、附墙烟囱及孔洞所占面积。门洞、空圈、暖气包槽、壁龛的开口部分不增加面积	1. 基层清理 2. 抹找平层 3. 抹面层 4. 材料运输

续表

项目编码	项目名称	项目特征	计量单位	工程量计算规则	工作内容
011101002	现浇水磨石楼地面	1. 找平层厚度、砂浆配合比 2. 面层厚度、水泥石子浆配合比 3. 嵌条材料种类、规格 4. 石子种类、规格、颜色 5. 颜料种类、颜色 6. 图案要求 7. 磨光、酸洗、打蜡要求	m²	按设计图示尺寸以面积计算。扣除凸出地面构筑物、设备基础、室内铁道、地沟等所占面积,不扣除间壁墙及≤0.3 m²柱、垛、附墙烟囱及孔洞所占面积。门洞、空圈、暖气包槽、壁龛的开口部分不增加面积	1. 基层清理 2. 抹找平层 3. 面层铺设 4. 嵌缝条安装 5. 磨光、酸洗打蜡 6. 材料运输
011101003	细石混凝土楼地面	1. 找平层厚度、砂浆配合比 2. 面层厚度、混凝土强度等级			1. 基层清理 2. 抹找平层 3. 面层铺设 4. 材料运输
011101004	菱苦土楼地面	1. 找平层厚度、砂浆配合比 2. 面层厚度 3. 打蜡要求			1. 基层清理 2. 抹找平层 3. 面层铺设 4. 打蜡 5. 材料运输
011101005	自流坪楼地面	1. 找平层砂浆配合比、厚度 2. 界面剂材料种类 3. 中层漆材料种类、厚度 4. 面漆材料种类、厚度 5. 面层材料种类			1. 基层处理 2. 抹找平层 3. 涂界面剂 4. 涂刷中层漆 5. 打磨、吸尘 6. 镘自流平面(浆) 7. 拌合自流平浆料 8. 铺面层
011101006	平面砂浆找平层	找平层厚度、砂浆配合比			1. 基层清理 2. 抹找平层 3. 材料运输

知识准备

一、相关说明

楼地面是由基层、垫层、填充层、找平层、隔离层、结合层、面层构成。

二、适用范围

整体面层项目适用楼面、地面所做的整体面层工程。

三、计算公式

按设计图示尺寸以面积计算。扣除凸出地面构筑物、设备基础、室内管道、地沟等所占面积,不扣除间壁墙及≤0.3 m² 柱、垛、附墙烟囱及孔洞所占面积。门洞、空圈、暖气包槽、壁龛的开口部分不增加面积。

四、注意事项

(1)水泥砂浆面层处理是拉毛还是提浆压光应在面层做法要求中描述。
(2)平面砂浆找平层只适用仅做找平层的平面抹灰。
(3)间壁墙是指墙厚≤120 mm 的墙。

案例解析

任务单:根据1♯生产车间图纸,对该工程首层⑭轴~⑤轴/Ⓐ~Ⓒ轴办公室的水泥砂浆楼地面工程进行计量。

解析:S=地面长度×地面宽度

工程量清单编制表见表3-70。

水泥砂浆楼地面工程计量

表3-70 工程量清单编制表

工程名称:1♯生产车间

序号	项目编码	项目名称	项目特征	计量单位	工程量	金额/元		
						综合单价	合价	其中 暂估价

能力二 块料面层工程量计算

学习目标

1. 了解块料面层工程清单项目的设置;
2. 能掌握各项目工程量计算规则及计算公式;
3. 能正确计算相关工程量并编制工程量清单;
4. 培养学生具有组织协调和沟通能力。

> 规范学习

块料面层规范内容见表 3-71。

表 3-71 块料面层规范内容

项目编码	项目名称	项目特征	计量单位	工程量计算规则	工作内容
011102001	石材楼地面	1. 找平层厚度、砂浆配合比 2. 结合层厚度、砂浆配合比 3. 面层材料品种、规格、颜色 4. 嵌缝材料种类 5. 防护层材料种类 6. 酸洗、打蜡要求	m^2	按设计图示尺寸以面积计算。门洞、空圈、暖气包槽、壁龛的开口部分并入相应的工程量内	1. 基层清理 2. 抹找平层 3. 面层铺设、磨边 4. 嵌缝 5. 刷防护材料 6. 酸洗、打蜡 7. 材料运输
011102002	碎石材楼地面				
011102003	块料楼地面				

> 知识准备

一、适用范围

块料面层项目适用楼面、地面所做的块料面层工程。

二、计算公式

按设计图示尺寸以面积计算。门洞、空圈、暖气包槽、壁龛的开口部分并入相应的工程量内。

三、注意事项

(1) 在描述碎石材项目的面层材料特征时可不用描述规格、颜色。
(2) 石材、块料与粘结材料的结合面刷防渗材料的种类在防护层材料种类中描述。
(3) 表 3-67 工作内容中的磨边是指施工现场磨边,后面章节工作内容中涉及的磨边含义同此条。

【例 3-17】 图 3-45 所示为某建筑一层平面图,计算大理石楼面工程量,工程做法:20 mm 厚磨光大理石楼面,白水泥浆擦缝;撒素水泥面;30 mm 厚 1∶4 干硬性水泥砂浆结合成;20 mm 厚 1∶3 水泥砂浆找平层;现浇钢筋混凝土楼板。试编制大理石楼面工程量清单。

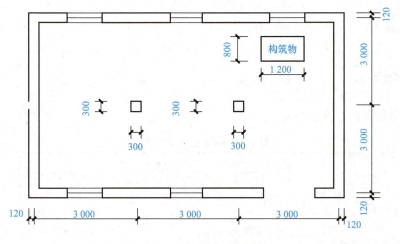

图 3-45 某建筑一层平面

【解】 S=(3×3−0.12×2)×(3×2−0.12×2)−1.2×0.8=49.50(m²)

工程量清单编制表见表 3-72。

表 3-72 工程量清单编制表

工程名称：某建筑

序号	项目编码	项目名称	项目特征	计量单位	工程量	金额/元		
						综合单价	合价	其中 暂估价
1	011102001001	石材楼地面	20 mm 厚磨光大理石楼面；撒素水泥面； 30 mm 厚 1∶4 干硬性水泥砂浆结合成； 20 mm 厚 1∶3 水泥砂浆找平层	m²	49.50			

能力三 橡塑面层及其他材料面层工程量计算

学习目标

1. 能了解橡塑面层及其他材料面层工程清单项目的设置；
2. 能掌握各项工程量计算规则及计算公式；
3. 能正确计算相关工程量并编制工程量清单；
4. 能培养学生熟悉行业规范、各项法规、政策并熟练运用的能力。

一、橡塑面层

橡塑面层规范内容见表3-73。

表3-73 橡塑面层规范内容

项目编码	项目名称	项目特征	计量单位	工程量计算规则	工作内容
011103001	橡胶板楼地面	1. 粘结层厚度、材料种类 2. 面层材料品种、规格、颜色 3. 压线条种类	m²	按设计图示尺寸以面积计算。门洞、空圈、暖气包槽、壁龛的开口部分并入相应的工程量内	1. 基层清理 2. 面层铺贴 3. 压缝条装钉 4. 材料运输
011103002	橡胶板卷材楼地面				
011103003	塑料板楼地面				
011103004	塑料卷材楼地面				

二、其他材料面层

其他材料面层规范内容见表3-74。

表3-74 其他材料面层规范内容

项目编码	项目名称	项目特征	计量单位	工程量计算规则	工作内容
011104001	地毯楼地面	1. 面层材料品种、规格、颜色 2. 防护材料种类 3. 粘结材料种类 4. 压线条种类	m²	按设计图示尺寸以面积计算。门洞、空圈、暖气包槽、壁龛的开口部分并入相应的工程量内	1. 基层清理 2. 铺贴面层 3. 刷防护材料 4. 装钉压条 5. 材料运输
011104002	竹、木(复合)地板	1. 龙骨材料种类、规格、铺设间距 2. 基层材料种类、规格 3. 面层材料品种、规格、颜色 4. 防护材料种类	m²	按设计图示尺寸以面积计算。门洞、空圈、暖气包槽、壁龛的开口部分并入相应的工程量内	1. 基层清理 2. 龙骨铺设 3. 基层铺设 4. 面层铺贴 5. 刷防护材料 6. 材料运输
011104003	金属复合地板				
011104004	防静电活动地板	1. 支架高度、材料种类 2. 面层材料品种、规格、颜色 3. 防护材料种类	m²	按设计图示尺寸以面积计算。门洞、空圈、暖气包槽、壁龛的开口部分并入相应的工程量内	1. 基层清理 2. 固定支架安装 3. 活动面层安装 4. 刷防护材料 5. 材料运输

知识准备

一、适用范围

橡塑面层包括橡胶板楼地面、橡胶板卷材楼地面、塑料板楼地面、塑料卷材楼地面。橡塑面层项目适用粘结剂粘贴橡塑楼面、地面面层工程。

其他面层包括地毯楼地面、竹木地板、金属复合地板、防静电活动地板。

二、计算公式

按设计图示尺寸以面积计算。门洞、空圈、暖气包槽、壁龛的开口部分并入相应的工程量内。

三、项目特征

（1）地毯楼地面需描述面层材料品种、规格、颜色，防护材料种类，粘结材料种类，压线条种类。

（2）竹、木地板需描述龙骨材料种类、规格、铺设间距，基层材料种类、规格，面层材料品种、规格、颜色，防护材料种类。

（3）金属复合地板需描述龙骨材料种类、规格、铺设间距，基层材料种类、规格，面层材料品种、规格、颜色，防护材料种类。

（4）防静电活动地板需描述支架高度、材料种类，面层材料品种、规格、颜色，防护材料种类。

四、工作内容

（1）地毯楼地面包含基层清理、铺贴面层、刷防护材料、装钉压条、材料运输。

（2）竹木地板、金属复合地板包含基层清理、龙骨铺设、基层铺设、面层铺贴、刷防护材料、材料运输。

（3）防静电活动地板包含基层清理、固定支架安装、活动面层安装、刷防护材料、材料运输。

【例3-18】 某工程如图3-46所示，室内铺设600 mm×75 mm×18 mm实木地板，柚木UV漆板，四面企口，木龙骨50 mm×30 mm×500 mm，M1：1 000 mm×2 000 mm，M2：1 200 mm×2 000 mm，M3：900 mm×2 400 mm，C1：1 500 mm×1 500 mm，C2：1 800 mm×1 500 mm，C3：3 000 mm×1 500 mm。试计算木地板地面的清单工程量。

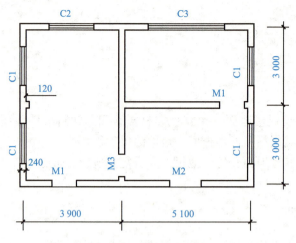

图 3-46 某工程平面图

【解】 $S = S_{地面} + S_{门洞口部分}$

$= (3.9 - 0.24) \times (3 + 3 - 0.24) + (5.1 - 0.24) \times (3 - 0.24) \times 2 + (1 \times 2 + 1.2 + 0.9) \times 0.24$

$= 48.89 (m^2)$

工程量清单编制表见表 3-75。

表 3-75 工程量清单编制表

工程名称：某工程

序号	项目编码	项目名称	项目特征	计量单位	工程量	金额/元		
						综合单价	合价	其中暂估价
1	011104002001	木地板	1. 木龙骨 50 mm×30 mm×500 mm 2. 实木地板 600 mm×75 mm×18 mm 3. 柚木 UV 漆板，四面企口	m²	48.89			

能力四 踢脚线工程量计算

学习目标

1. 能了解踢脚线工程清单项目的设置；
2. 能掌握各项目工程量计算规则及计算公式；
3. 能正确计算相关工程量并编制工程量清单；
4. 能培养学生具有观察、分析、判断、解决问题的能力和创新能力。

规范学习

踢脚线规范内容见表 3-76。

表 3-76 踢脚线规范内容

项目编码	项目名称	项目特征	计量单位	工程量计算规则	工作内容
011105001	水泥砂浆踢脚线	1. 踢脚线高度 2. 底层厚度、砂浆配合比 3. 面层厚度、砂浆配合比	1. m² 2. m	1. 以平方米计量，按设计图示长度乘高度以面积计算 2. 以米计量，按延长米计算	1. 基层清理 2. 底层和面层抹灰 3. 材料运输
011105002	石材踢脚线	1. 踢脚线高度 2. 粘贴层厚度、材料种类 3. 面层材料品种、规格、颜色 4. 防护材料种类			1. 基层清理 2. 底层抹灰 3. 面层铺贴、磨边 4. 擦缝 5. 磨光、酸洗、打蜡 6. 刷防护材料 7. 材料运输
011105003	块料踢脚线				

知识准备

一、相关规定

踢脚线包括水泥砂浆踢脚线、石材踢脚线、块料踢脚线、塑料板踢脚线、木质踢脚线、金属踢脚线、防静电踢脚线。

二、计算公式

(1) 按面积计算：$S=$ 设计图示长度×高度。
(2) 按长度计算：$L=$ 延长米。

三、注意事项

石材、块料与粘结材料的结合面刷防渗材料的种类在防护层材料种类中描述。

【例 3-19】 如图 3-46 所示，墙厚 240 mm，室内铺设 500 mm×500 mm 中国红大理石，贴 150 mm 高中国红大理石踢脚线，试计算大理石地面的工程量及踢脚线的工程量。

【解】 大理石地面工程量：

$$S=(3.9-0.24)\times(3+3-0.24)+(5.1-0.24)+(3-0.24)\times 2$$
$$=21.082+26.827$$
$$=47.91(m^2)$$

踢脚线工程量：

踢脚线的长度 $L = (3.9-0.24+3\times 2-0.24)\times 2 + (5.1-0.24+3-0.24)\times 2\times 2 - (0.9+1)\times 2 - (1.2+1) + 0.24\times 4 + 0.12\times 2$
$= 9.42\times 2 + 7.62\times 4 - 1.9\times 2 - 2.2 + 0.96 + 0.24$
$= 44.52 \text{(m)}$

踢脚线工程量 $L = 44.52 \times 0.15 = 6.68 \text{(m}^2\text{)}$

案例解析

任务单：根据1#生产车间图纸，对该工程首层⑭轴～⑤轴/Ⓐ～Ⓒ轴办公室的踢脚线工程进行计量。

解析：(1) 按面积计算：S＝设计图示长度×高度。

(2) 按长度计算：L＝延长米。

工程量清单编制表见表3-77。

踢脚工程计量

表3-77 工程量清单编制表

工程名称：1#生产车间

序号	项目编码	项目名称	项目特征	计量单位	工程量	金额/元		其中 暂估价
						综合单价	合价	

能力五　楼梯面层工程量计算

学习目标

1. 能了解楼梯面层工程清单项目的设置；
2. 能掌握各项目工程量计算规则及计算公式；
3. 能正确计算相关工程量并编制工程量清单；
4. 能培养学生具有良好的工作态度、责任心、团队意识、协作能力，并能吃苦耐劳。

规范学习

楼梯面层规范内容见表3-78。

表3-78 楼梯面层规范内容

项目编码	项目名称	项目特征	计量单位	工程量计算规则	工作内容
011106001	石材楼梯面层	1. 找平层厚度、砂浆配合比 2. 贴结层厚度、材料种类 3. 面层材料品种、规格、颜色 4. 防滑条材料种类、规格 5. 勾缝材料种类 6. 防护层材料种类 7. 酸洗、打蜡要求	m²	按设计图示尺寸以楼梯(包括踏步、休息平台及≤500 mm的楼梯井)水平投影面积计算。楼梯与楼地面相连时，算至梯口梁内侧边沿；无梯口梁者，算至最上一层踏步边沿加300 mm	1. 基层清理 2. 抹找平层 3. 面层铺贴、磨边 4. 贴嵌防滑条 5. 勾缝 6. 刷防护材料 7. 酸洗、打蜡 8. 材料运输
011106002	块料楼梯面层				
011106003	拼碎块料面层				

续表

项目编码	项目名称	项目特征	计量单位	工程量计算规则	工作内容
011106004	水泥砂浆楼梯面层	1. 找平层厚度、砂浆配合比 2. 面层厚度、砂浆配合比 3. 防滑条材料种类、规格	m²	按设计图示尺寸以楼梯(包括踏步、休息平台及≤500 mm的楼梯井)水平投影面积计算。楼梯与楼地面相连时，算至梯口梁内侧边沿；无梯口梁者，算至最上一层踏步边沿加300 mm	1. 基层清理 2. 抹找平层 3. 抹面层 4. 抹防滑条 5. 材料运输

知识准备

一、相关规定

楼梯面层包括石材楼梯面层、块料楼梯面层、拼碎块料面层、水泥砂浆楼梯面层、现浇水磨石楼梯面层、地毯楼梯面层、木板楼梯面层、橡胶板楼梯面层、塑料板楼梯面层。

二、计算公式

按设计图示尺寸以楼梯(包括踏步、休息平台及≤500 mm的楼梯井)水平投影面积计算。楼梯与楼地面相连时，算至梯口梁内侧边沿；无梯口梁者，算至最上一层踏步边沿加300 mm。

三、注意事项

(1)在描述碎石材项目的面层材料特征时可不用描述规格、颜色。
(2)石材、块料与粘结材料的结合面刷防渗材料的种类在防护层材料种类中描述。

案例解析

任务单：根据1#生产车间图纸，对该工程首层③~④轴/Ⓐ~Ⓑ轴楼梯面层工程进行计量。

解析：S=楼梯水平投影长度×水平投影宽度

楼梯面层工程计量

工程量清单编制表见表3-79。

表 3-79　工程量清单编制表

工程名称：1#生产车间

序号	项目编码	项目名称	项目特征	计量单位	工程量	金额/元		
						综合单价	合价	其中 暂估价

能力六　台阶装饰工程量计算

学习目标

1. 能了解台阶装饰工程清单项目的设置；
2. 能掌握各项目工程量计算规则及计算公式；
3. 能正确计算相关工程量并编制工程量清单；
4. 能培养学生收集信息和编制清单的能力。

规范学习

台阶装饰规范内容见表3-80。

表 3-80　台阶装饰规范内容

项目编码	项目名称	项目特征	计量单位	工程量计算规则	工作内容
011107001	石材台阶面	1. 找平层厚度、砂浆配合比 2. 粘结材料种类 3. 面层材料品种、规格、颜色 4. 勾缝材料种类 5. 防滑条材料种类、规格 6. 防护材料种类	m^2	按设计图示尺寸以台阶（包括最上层踏步边沿加300 mm）水平投影面积计算	1. 基层清理 2. 抹找平层 3. 面层铺贴 4. 贴嵌防滑条 5. 勾缝 6. 刷防护材料 7. 材料运输
011107002	块料台阶面				
011107003	拼碎块料台阶面				
011107004	水泥砂浆台阶面	1. 找平层厚度、砂浆配合比 2. 面层厚度、砂浆配合比 3. 防滑条材料种类			1. 基层清理 2. 抹找平层 3. 抹面层 4. 抹防滑条 5. 材料运输

续表

项目编码	项目名称	项目特征	计量单位	工程量计算规则	工作内容
011107005	现浇水磨石台阶面	1. 找平层厚度、砂浆配合比 2. 面层厚度、水泥石子浆配合比 3. 防滑条材料种类、规格 4. 石子种类、规格、颜色 5. 颜料种类、颜色 6. 磨光、酸洗、打蜡要求	m²	按设计图示尺寸以台阶(包括最上层踏步边沿加300 mm)水平投影面积计算	1. 清理基层 2. 抹找平层 3. 抹面层 4. 贴嵌防滑条 5. 打磨、酸洗、打蜡 6. 材料运输
011107006	剁假石台阶面	1. 找平层厚度、砂浆配合比 2. 面层厚度、砂浆配合比 3. 剁假石要求			1. 清理基层 2. 抹找平层 3. 抹面层 4. 剁假石 5. 材料运输

一、相关规定

台阶装饰包括石材台阶面、块料台阶面、拼碎块料台阶面、水泥砂浆台阶面、现浇水磨石台阶面、剁假石台阶面。

二、计算公式

按设计图示尺寸以台阶(包括最上层踏步边沿加 300 mm)水平投影面积计算。

三、注意事项

(1)在描述碎石材项目的面层材料特征时可不用描述规格、颜色。
(2)石材、块料与粘结材料的结合面刷防渗材料的种类在防护层材料种类中描述。

任务单：根据1号生产车间图纸，对该工程首层①轴/Ⓑ~Ⓒ轴台阶工程进行计量。

解析：
$$S = S_{台阶} + S_{平台}$$

台阶工程计量

工程量清单编制表见表3-81。

表3-81 工程量清单编制表

工程名称：1号生产车间

序号	项目编码	项目名称	项目特征	计量单位	工程量	金额/元		其中
						综合单价	合价	暂估价

任务十一　墙、柱面装饰与隔断、幕墙工程量清单的编制

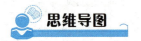

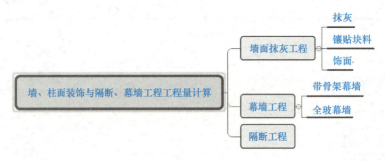

本工程适用一般抹灰、装饰抹灰工程，包括墙面抹灰、柱(梁)面抹灰、零星抹灰、墙面块料面层、柱(梁)面镶贴块料、镶贴零星块料、墙饰面、柱(梁)饰面、幕墙工程、隔断等工程。

一般抹灰包括石灰砂浆、水泥混合砂浆、水泥砂浆、聚合物水泥砂浆、膨胀珍珠岩水泥砂浆和麻刀灰、纸筋石灰、石膏灰等。

装饰抹灰包括水刷石、水磨石、斩假石(剁斧石)、干粘石、假面砖、拉条灰、拉毛灰、甩毛灰、扒拉石、喷毛灰、喷涂、喷砂、滚涂、弹涂等。

能力一　墙面抹灰工程量计算

学习目标

1. 能了解墙面抹灰工程清单项目的设置；
2. 能掌握各项目工程量计算规则及计算公式；
3. 能正确计算相关工程量并编制工程量清单；
4. 能培养学生熟悉行业规范、各项法规、政策并熟练运用的能力。

规范学习

墙面抹灰规范内容见表 3-82。

表 3-82 墙面抹灰规范内容

项目编码	项目名称	项目特征	计量单位	工程量计算规则	工作内容
011201001	墙面一般抹灰	1. 墙体类型 2. 底层厚度、砂浆配合比 3. 面层厚度、砂浆配合比	m²	按设计图示尺寸以面积计算。扣除墙裙、门窗洞口及单个>0.3 m²的孔洞面积,不扣除踢脚线、挂镜线和墙与构件交接处的面积,门窗洞口和孔洞的侧壁及顶面不增加面积。附墙柱、梁、垛、烟囱侧壁并入相应的墙面面积内。 1. 外墙抹灰面积按外墙垂直投影面积计算 2. 外墙裙抹灰面积按其长度乘以高度计算 3. 内墙抹灰面积按主墙间的净长乘以高度计算 (1)无墙裙的,高度按室内楼地面至天棚底面计算 (2)有墙裙的,高度按墙裙顶至天棚底面计算 (3)有吊顶天棚抹灰,高度算至天棚底 4. 内墙裙抹灰面按内墙净长乘以高度计算	1. 基层清理 2. 砂浆制作、运输 3. 底层抹灰 4. 抹面层 5. 抹装饰面 6. 勾分格缝
011201002	墙面装饰抹灰	4. 装饰面材料种类 5. 分格缝宽度、材料种类			
011201003	墙面勾缝	1. 勾缝类型 2. 勾缝材料种类			1. 基层清理 2. 砂浆制作、运输 3. 勾缝
011201004	立面砂浆找平层	1. 基层类型 2. 找平层砂浆厚度、配合比			1. 基层清理 2. 砂浆制作、运输 3. 抹灰找平

知识准备

一、适用范围

墙面抹灰包括墙面一般抹灰、墙面装饰抹灰、墙面勾缝、立面砂浆找平层。

二、计算公式

墙面抹灰：按设计图示尺寸以面积计算。扣除墙裙、门窗洞口及单个>0.3 m²的孔洞面积,不扣除踢脚线、挂镜线和墙与构件交接处的面积,门窗洞口和孔洞的侧壁及顶面不增加面积。附墙柱、梁、垛、烟囱侧壁并入相应的墙面面积内。

其中：(1)外墙抹灰面积按外墙垂直投影面积计算；
(2)外墙裙抹灰面积按其长度乘以高度计算；

(3)内墙抹灰面积按主墙间的净长乘以高度计算;
1)无墙裙的,高度按室内楼地面至天棚底面计算;
2)有墙裙的,高度按墙裙顶至天棚底面计算;
3)内墙裙抹灰面按内墙净长乘以高度计算。
(4)内墙裙抹灰面按内墙净长乘以高度计算。

三、注意事项

(1)立面砂浆找平项目适用仅做找平层的立面抹灰。
(2)抹石灰砂浆、水泥砂浆、混合砂浆、聚合物水泥砂浆、麻刀石灰浆、石膏灰浆等按墙面一般抹灰列项,水刷石、斩假石、干粘石、假面砖等按墙面装饰抹灰列项。
(3)飘窗凸出外墙面增加的抹灰并入外墙工程量内。
(4)有吊顶天棚的内墙面抹灰,抹至吊顶以上部分在综合单价中考虑。

【例3-20】 某工程建筑平面如图3-47所示,其中门窗尺寸M1:1 200 mm×2 400 mm,M2:900 mm×2 400 mm,C1:1 500 mm×1 800 mm。该建筑内墙净高为3.30 m,窗与内墙面平齐,窗台高900 mm,门与开启方向墙面平齐,门框厚80 mm。内墙裙抹灰高度为1.50 m,其抹灰做法:10 mm厚1:1:6水泥砂浆打底;6 mm厚1:0.3:2.5水泥石灰砂浆抹面;满刮大白粉腻子一遍、刷红色乳胶漆两遍。内墙面抹灰做法:10 mm厚1:1:6水泥砂浆打底;6 mm厚1:0.3:2.5水泥石灰砂浆抹面;满刮大白粉腻子一遍、刷白色乳胶漆两遍。计算其油漆工程量,并编制分部分项工程量清单。

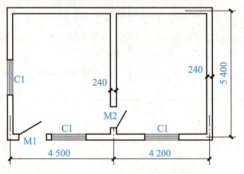

图3-47 某建筑物平面图

【解】 根据清单工程量计算规则,抹灰面油漆按设计图示尺寸以面积计算。工程量计算如下:

内墙抹灰面油漆工程量:
$S=[(4.50+4.20-0.24\times2)\times2+(5.40-0.24)\times4]\times(3.30-1.5)-1.20\times(2.40-1.50)-0.90\times(2.40-1.50)\times2-1.50\times(0.90+1.80-1.50)\times3+(0.24-0.08)\times[0.9+(2.4-1.5)\times2]=59.08(m^2)$

内墙裙抹灰面油漆工程量:
$S=[(4.50+4.20-0.24\times2)\times2+(5.40-0.24)\times4-1.20-0.90\times2]\times1.50-1.50\times(1.50-0.90)\times3+(0.24-0.08)\times1.5\times2=48.90(m^2)$

工程量清单编制表见表3-83。

工程量清单编制表见表3-83。

表3-83 工程量清单编制表

工程名称：某工程

序号	项目编码	项目名称	项目特征	计量单位	工程量	金额/元		
						综合单价	合价	其中 暂估价
1	011406001001	抹灰面油漆	1. 满刮大白粉腻子一遍； 2. 刷白色乳胶漆两遍	m²	59.08			
2	011201001001	墙面一般抹灰（内墙裙）	1. 满刮大白粉腻子一遍； 2. 刷红色乳胶漆两遍	m²	48.90			

案例解析

任务单：根据1号生产车间图纸，对该工程首层⑭轴～⑤轴/Ⓐ～Ⓒ轴办公室内墙面抹灰工程进行计量。

解析：$S = S_{净面积} - S_{门窗洞} + S_{附墙柱} + S_{附墙梁} - S_{墙梁交接面}$

工程量清单编制表见表3-84。

墙面抹灰工程计量

表3-84 工程量清单编制表

工程名称：1号生产车间

序号	项目编码	项目名称	项目特征	计量单位	工程量	金额/元		
						综合单价	合价	其中 暂估价

能力二 柱(梁)面抹灰工程量计算

学习目标

1. 能了解柱(梁)面抹灰工程清单项目的设置；
2. 能掌握各项目工程量计算规则及计算公式；
3. 能正确计算相关工程量并编制工程量清单；
4. 能培养学生具有组织协调和沟通能力。

> **规范学习**

柱(梁)面抹灰规范内容见表 3-85。

表 3-85 柱(梁)面抹灰规范内容

项目编码	项目名称	项目特征	计量单位	工程量计算规则	工作内容
011202001	柱、梁面一般抹灰	1. 柱(梁)体类型 2. 底层厚度、砂浆配合比 3. 面层厚度、砂浆配合比 4. 装饰面材料种类 5. 分格缝宽度、材料种类	m²	1. 柱面抹灰：按设计图示柱断面周长乘高度以面积计算 2. 梁面抹灰：按设计图示梁断面周长乘长度以面积计算	1. 基层清理 2. 砂浆制作、运输 3. 底层抹灰 4. 抹面层 5. 勾分格缝
011202002	柱、梁面装饰抹灰				
011202003	柱、梁面砂浆找平	1. 柱(梁)体类型 2. 找平的砂浆厚度、配合比			1. 基层清理 2. 砂浆制作、运输 3. 抹灰找平
011202004	柱面勾缝	1. 勾缝类型 2. 勾缝材料种类		按设计图示柱断面周长乘高度以面积计算	1. 基层清理 2. 砂浆制作、运输 3. 勾缝

> **知识准备**

一、有关规定

柱、梁面抹灰工程包括柱、梁面一般抹灰，柱、梁面装饰抹灰，柱、梁面砂浆找平，柱面勾缝。

二、计算公式

(1)柱面抹灰：按设计图示柱断面周长乘高度以面积计算。
(2)梁面抹灰：按设计图示梁断面周长乘长度以面积计算。
(3)柱、梁面勾缝：按设计图示柱断面周长乘高度以面积计算。

三、注意事项

(1)砂浆找平项目适用仅做找平层的柱(梁)面抹灰。
(2)柱(梁)面抹石灰砂浆、水泥砂浆、混合砂浆、聚合物水泥砂浆、麻刀石灰浆、石膏灰浆等按柱(梁)面一般抹灰编码列项；柱(梁)面水刷石、斩假石、干粘石、假面砖等按柱(梁)面装饰抹灰编码列项。

案例解析

任务单：根据1号生产车间图纸，对该工程首层②/Ⓑ轴KZ1抹灰柱面抹灰工程进行计量。

解析：$S = 周长 \times 高度 - S_{梁柱交接面}$

工程量清单编制表见表3-86。

柱面抹灰工程计量

表3-86　工程量清单编制表

工程名称：1号生产车间

序号	项目编码	项目名称	项目特征	计量单位	工程量	金额/元		
						综合单价	合价	其中
								暂估价

能力三　墙面块料面层工程量计算

学习目标

1. 能了解墙面块料面层工程清单项目的设置；
2. 能掌握各项目工程量计算规则及计算公式；
3. 能正确计算相关工程量并编制工程量清单；
4. 能培养学生熟悉行业规范、各项法规、政策并熟练运用的能力。

规范学习

墙面块料面层规范内容见表3-87。

表3-87　墙面块料面层规范内容

项目编码	项目名称	项目特征	计量单位	工程量计算规则	工作内容
011204001	石材墙面	1. 墙体类型 2. 安装方式 3. 面层材料品种、规格、颜色 4. 缝宽、嵌缝材料种类 5. 防护材料种类 6. 磨光、酸洗、打蜡要求	m²	按镶贴表面积计算	1. 基层清理 2. 砂浆制作、运输 3. 粘结层铺贴 4. 面层安装 5. 嵌缝 6. 刷防护材料 7. 磨光、酸洗、打蜡
011204002	拼碎石材墙面				
011204003	块料墙面				
011204004	干挂石材钢骨架	1. 骨架种类、规格 2. 防锈漆品种遍数	t	按设计图示以质量计算	1. 骨架制作、运输、安装 2. 刷漆

> 知识准备

一、适用范围

墙面块料面层包括石材墙面、拼碎石材墙面、块料墙面、干挂石材钢骨架。

二、计算公式

(1)石材墙面、拼碎石材墙面、块料墙面:按镶贴表面积计算。
(2)干挂石材钢骨架:按设计图示以质量计算。

三、注意事项

(1)在描述碎块项目的面层材料特征时可不用描述规格、颜色。
(2)石材、块料与粘结材料的结合面刷防渗材料的种类在防护层材料种类中描述。
(3)安装方式可描述为砂浆或粘结剂粘贴、挂贴、干挂等,不论哪种安装方式,都要详细描述与组价相关的内容。

【例 3-21】 某房屋工程平面图如图 3-48 所示,外墙面砖具体做法:15 mm 厚 1:3 水泥砂浆打底,50 mm×230 mm 外墙面砖 1:2 水泥砂浆粘贴。外墙顶面标高 3.1 m,设计室内外高差 0.3 m,M1:1 200 mm×2 500 mm,M2:900 mm×2 100 mm,C1:1 500 mm×1 500 mm,C2:1 200 mm×1 500 mm。试编制外墙面砖清单工程量(注:外墙窗居墙中安装,门靠里安装,门窗框厚 90 mm)。

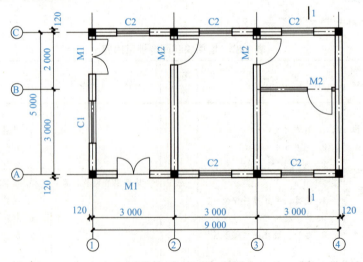

图 3-48 某工程平面图

【解】 外墙中心线=(9+5)×2=28(m)
外墙外边线=28+0.24×4=28.96(m)

外墙面高度＝3.1＋0.3＝3.4(m)

外墙门窗洞口面积＝1.2×2.5×2＋1.5×1.5×1＋1.2×1.5×5＝17.25(m²)

外墙门窗洞口侧壁面积＝(1.2＋2.5×2)×2×(0.24－0.09)＋[(1.5＋1.5)×2＋(1.2＋1.5)×2×5]×(0.24－0.09)/2＝1.86＋2.48＝4.34(m²)

外墙面砖：S＝28.96×3.4－17.25＋4.34＝85.55(m²)

工程量清单编制表见表3-88。

表3-88　工程量清单编制表

工程名称：某工程

序号	项目编码	项目名称	项目特征	计量单位	工程量	金额/元		
						综合单价	合价	其中 暂估价
1	020204003001	墙面镶贴块料	15 mm厚1∶3水泥砂浆打底；50 mm×230 mm外墙面砖；1∶2水泥砂浆粘贴	m²	85.55			

能力四　柱(梁)面镶贴块料工程量计算

学习目标

1. 能了解柱(梁)面镶贴块料工程清单项目的设置；
2. 能掌握各项目工程量计算规则及计算公式；
3. 能正确计算相关工程量并编制工程量清单；
4. 能培养学生具有观察、分析、判断、解决问题的能力和创新能力。

规范学习

柱(梁)面镶贴块料规范内容见表3-89。

表3-89　柱(梁)面镶贴块料规范内容

项目编码	项目名称	项目特征	计量单位	工程量计算规则	工作内容
011205001	石材柱面	1. 柱截面类型、尺寸 2. 安装方式 3. 面层材料品种、规格、颜色 4. 缝宽、嵌缝材料种类 5. 防护材料种类 6. 磨光、酸洗、打蜡要求	m²	按镶贴表面积计算	1. 基层清理 2. 砂浆制作、运输 3. 粘结层铺贴 4. 面层安装 5. 嵌缝 6. 刷防护材料 7. 磨光、酸洗、打蜡
011205002	块料柱面				
011205003	拼碎块柱面				
011205004	石材梁面	1. 安装方式 2. 面层材料品种、规格、颜色 3. 缝宽、嵌缝材料种类 4. 防护材料种类 5. 磨光、酸洗、打蜡要求			
011205005	块料梁面				

知识准备

一、适用范围

柱(梁)面镶贴块料包括石材柱面、块料柱面、拼碎块柱面、石材梁面、块料梁面。

二、计算公式

按镶贴表面积计算。

三、注意事项

(1)在描述碎块项目的面层材料特征时,可不用描述规格、品牌、颜色。
(2)石材、块料与粘结材料的结合面刷防渗材料的种类在防护层材料种类中描述。
(3)柱梁面干挂石材的钢骨架按"干挂石材钢骨架"相应项目编码列项。

【例3-22】 某建筑物钢筋混凝土柱的构造如图3-49所示,柱面挂贴花岗石面层,试计算工程量。

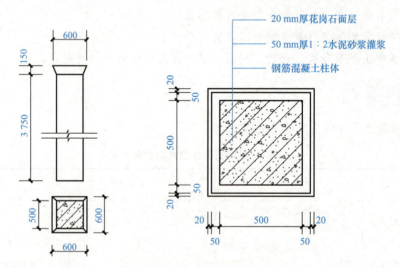

图3-49 柱面挂贴花岗石面层

【解】 所求工程量=柱身工程量+柱帽工程量
柱身工程量=0.64×4×3.75=9.6(m²)
柱帽工程量=1.38×0.158×2=0.44(m²)
柱面挂贴花岗石的工程量=9.6+0.44=10.04(m²)
工程量清单编制表见表3-90。

工程量清单编制表见表3-90。

表 3-90　工程量清单编制表

工程名称：某建筑

序号	项目编码	项目名称	项目特征	计量单位	工程量	金额/元		
						综合单价	合价	其中 暂估价
1	020205001001	石材柱面	1. 柱截面：500 mm×500 mm； 2. 底层：50 mm 厚 1∶2 水泥砂浆灌浆； 3. 铺贴方式：柱面挂贴； 4. 面层：20 mm 厚花岗石	m²	10.04			

能力五　饰面工程量计算

学习目标

1. 能了解饰面工程清单项目的设置；
2. 能掌握各项目工程量计算规则及计算公式；
3. 能正确计算相关工程量并编制工程量清单；
4. 能培养学生具有良好的工作态度、责任心、团队意识、协作能力，并能吃苦耐劳。

规范学习

一、墙饰面

墙饰面规范内容见表3-91。

表 3-91　墙饰面规范内容

项目编码	项目名称	项目特征	计量单位	工程量计算规则	工作内容
011207001	墙面装饰板	1. 龙骨材料种类、规格、中距 2. 隔离层材料种类、规格 3. 基层材料种类、规格 4. 面层材料品种、规格、颜色 5. 压条材料种类、规格	m²	按设计图示墙净长乘净高以面积计算。扣除门窗洞口及单个>0.3 m² 的孔洞所占面积	1. 基层清理 2. 龙骨制作、运输、安装 3. 钉隔离层 4. 基层铺钉 5. 面层铺贴

二、柱(梁)饰面

柱(梁)饰面规范内容见表3-92。

表3-92 柱(梁)饰面规范内容

项目编码	项目名称	项目特征	计量单位	工程量计算规则	工作内容
011208001	柱(梁)面装饰	1. 龙骨材料种类、规格、中距 2. 隔离层材料种类 3. 基层材料种类、规格 4. 面层材料品种、规格、颜色 5. 压条材料种类、规格	m²	按设计图示饰面外围尺寸以面积计算。柱帽、柱墩并入相应柱饰面工程量内	1. 清理基层 2. 龙骨制作、运输、安装 3. 钉隔离层 4. 基层铺钉 5. 面层铺贴

知识准备

(1) 墙面装饰板：按设计图示墙净长乘净高以面积计算。扣除门窗洞口及单个 >0.3 m² 的孔洞所占面积。

(2) 柱(梁)面装饰：按设计图示饰面外围尺寸以面积计算。柱帽、柱墩并入相应柱饰面工程量内。

【例3-23】某工程有独立柱4根，柱高为6 m，柱结构断面为400 mm×440 mm，饰面厚度为51 mm，具体工程做法：30 mm×40 mm单向木龙骨，间距400 mm，18 mm厚细木工板基层；3 mm厚红胡桃面板；醇酸清漆五遍成活。试编制柱饰面工程工程量清单。

【解】 $S_{柱}=(0.4+0.051\times2)\times4\times6\times4=48.19(m^2)$

工程量清单编制表见表3-93。

表3-93 工程量清单编制表

工程名称：某建筑

序号	项目编码	项目名称	项目特征	计量单位	工程量	金额/元		
						综合单价	合价	其中暂估价
1	011208001001	柱装饰面	1. 30 mm×40 mm单向木龙骨，间距400 mm； 2. 18 mm厚细木工板基层； 3. 3 mm厚红胡桃面板； 4. 醇酸清漆五遍	m²	48.19			

能力六　幕墙工程量计算

学习目标

1. 能了解幕墙工程清单项目的设置；
2. 能掌握各项目工程量计算规则及计算公式；
3. 能正确计算相关工程量并编制工程量清单；
4. 能培养学生具有分析、判断、解决问题的能力。

规范学习

幕墙工程规范内容见表 3-94。

表 3-94　幕墙工程规范内容

项目编码	项目名称	项目特征	计量单位	工程量计算规则	工作内容
011209001	带骨架幕墙	1. 骨架材料种类、规格、中距 2. 面层材料品种、规格、颜色 3. 面层固定方式 4. 隔离带、框边封闭材料品种、规格 5. 嵌缝、塞口材料种类	m²	按设计图示框外围尺寸以面积计算。与幕墙同种材质的窗所占面积不扣除	1. 骨架制作、运输、安装 2. 面层安装 3. 隔离带、框边封闭 4. 嵌缝、塞口 5. 清洗
011209002	全玻(无框玻璃)幕墙	1. 玻璃品种、规格、颜色 2. 粘结塞口材料种类 3. 固定方式		按设计图示尺寸以面积计算。带肋全玻幕墙按展开面积计算	1. 幕墙安装 2. 嵌缝、塞口 3. 清洗

知识准备

一、适用范围

幕墙工程包括带骨架幕墙、全玻(无框玻璃)幕墙。

二、计算公式

(1)带骨架幕墙：按设计图示框外围尺寸以面积计算。与幕墙同种材质的窗所占面积不扣除。

(2)全玻(无框玻璃)幕墙：按设计图示尺寸以面积计算。带肋全玻幕墙按展开面积计算。

能力七 隔断工程量计算

学习目标

1. 能了解隔断工程清单项目的设置；
2. 能掌握各项目工程量计算规则及计算公式；
3. 能正确计算相关工程量并编制工程量清单；
4. 能培养学生一丝不苟的学习态度和工作作风。

规范学习

隔断工程规范内容见表3-95。

表3-95 隔断工程规范内容

项目编码	项目名称	项目特征	计量单位	工程量计算规则	工作内容
011210001	木隔断	1. 骨架、边框材料种类、规格 2. 隔板材料品种、规格、颜色 3. 嵌缝、塞口材料品种 4. 压条材料种类	m²	按设计图示框外围尺寸以面积计算。不扣除单个≤0.3 m²的孔洞所占面积；浴厕门的材质与隔断相同时，门的面积并入隔断面积内	1. 骨架及边框制作、运输、安装 2. 隔板制作、运输、安装 3. 嵌缝、塞口 4. 装钉压条
011210002	金属隔断	1. 骨架、边框材料种类、规格 2. 隔板材料品种、规格、颜色 3. 嵌缝、塞口材料品种	m²		1. 骨架及边框制作、运输、安装 2. 隔板制作、运输、安装 3. 嵌缝、塞口
011210003	玻璃隔断	1. 边框材料种类、规格 2. 玻璃品种、规格、颜色 3. 嵌缝、塞口材料品种		按设计图示框外围尺寸以面积计算。不扣除单个≤0.3 m²的孔洞所占面积	1. 边框制作、运输、安装 2. 玻璃制作、运输、安装 3. 嵌缝、塞口
011210004	塑料隔断	1. 边框材料种类、规格 2. 隔板材料品种、规格、颜色 3. 嵌缝、塞口材料品种			1. 骨架及边框制作、运输、安装 2. 隔板制作、运输、安装 3. 嵌缝、塞口
011210005	成品隔断	1. 隔断材料品种、规格、颜色 2. 配件品种、规格	1. m² 2. 间	1. 以平方米计量按设计图示框外围尺寸以面积计算 2. 以间计量，按设计间的数量计算	1. 隔断运输、安装 2. 嵌缝、塞口
011210006	其他隔断	1. 骨架、边框材料种类、规格 2. 隔板材料品种、规格、颜色 3. 嵌缝、塞口材料品种	m²	按设计图示框外围尺寸以面积计算。不扣除单个≤0.3 m²的孔洞所占面积	1. 骨架及边框安装 2. 隔板安装 3. 嵌缝、塞口

知识准备

一、适用范围

隔断工程包括木隔断、金属隔断、玻璃隔断、塑料隔断、成品隔断、其他隔断。

二、计算公式

(1) 木隔断、金属隔断：按设计图示框外围尺寸以面积计算。不扣除单个≤0.3 m² 的孔洞所占面积；浴厕门的材质与隔断相同时，门的面积并入隔断面积内；

(2) 玻璃隔断、塑料隔断：按设计图示框外围尺寸以面积计算。不扣除单个≤0.3 m² 的孔洞所占面积。

(3) 成品隔断：以平方米计量，按设计图示框外围尺寸以面积计算；以间计量，按设计间的数量计算。

(4) 其他隔断：按设计图示框外围尺寸以面积计算。不扣除单个≤0.3 m² 的孔洞所占面积。

【例 3-24】 某厕所平面、立面图如图 3-50 所示，隔断及门采用某品牌 80 系列塑钢门窗材料制作。试计算厕所塑钢隔断工程量。

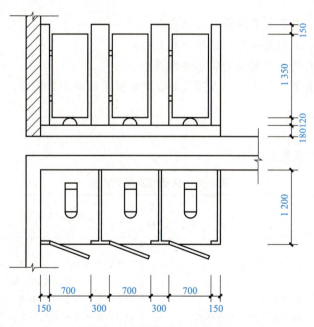

图 3-50 某厕所平面、立面图

【解】 厕所隔间隔断工程量 = (1.35 + 0.15 + 0.12) × (0.3 × 2 + 0.15 × 2 + 1.2 × 3)
= 1.62 × 4.5 = 7.29(m²)

厕所隔间门的工程量＝1.35×0.7×3＝2.835(m²)
厕所隔断工程量＝隔间隔断工程量＋隔间门的工程量
＝7.29＋2.835＝10.13(m²)

任务十二　天棚工程工程量清单的编制

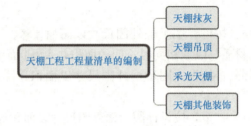

能力一　天棚抹灰工程量计算

学习目标

1. 能了解天棚抹灰工程清单项目的设置；
2. 能掌握各项目工程量计算规则及计算公式；
3. 能正确计算相关工程量并编制工程量清单；
4. 能培养学生熟悉行业规范、各项法规、政策并熟练运用的能力。

规范学习

天棚抹灰规范内容见表3-96。

表3-96　天棚抹灰规范内容

项目编码	项目名称	项目特征	计量单位	工程量计算规则	工作内容
011301001	天棚抹灰	1. 基层类型 2. 抹灰厚度、材料种类 3. 砂浆配合比	m²	按设计图示尺寸以水平投影面积计算。不扣除间壁墙、垛、柱、附墙烟囱、检查口和管道所占的面积，带梁天棚的梁两侧抹灰面积并入天棚面积内，板式楼梯底面抹灰按斜面积计算，锯齿形楼梯底板抹灰按展开面积计算	1. 基层清理 2. 底层抹灰 3. 抹面层

> 知识准备

一、适用范围

天棚抹灰项目适用各种基层(混凝土现浇板、预制板、木板条等)上的抹灰工程。

二、计算公式

按设计图示尺寸以水平投影面积计算。不扣除间壁墙、垛、柱、附墙烟囱、检查口和管道所占的面积,带梁天棚、梁两侧抹灰面积并入天棚面积内,板式楼梯底面抹灰按斜面积计算,锯齿形楼梯底板抹灰按展开面积计算。

> 案例解析

任务单:根据1号生产车间图纸,对该工程首层⑭轴~⑤轴/Ⓐ~Ⓒ轴办公室天棚抹灰工程进行计量。

解析:S=天棚长度×天棚宽度+下空梁两侧面积

工程量清单编制表见表3-97。

天棚抹灰工程计量

表3-97 工程量清单编制表

工程名称:1号生产车间

序号	项目编码	项目名称	项目特征	计量单位	工程量	金额/元		
						综合单价	合价	其中 暂估价

能力二 天棚吊顶、采光天棚及天棚其他装饰工程量计算

> 学习目标

1. 能了解天棚吊顶工程清单项目的设置;
2. 能掌握各项目工程量计算规则及计算公式;
3. 能正确计算相关工程量并编制工程量清单;
4. 能培养学生收集信息和编制清单的能力。

规范学习

天棚吊顶、采光天棚及天棚其他装饰工程规范内容见表3-98。

表3-98 天棚吊顶、采光天棚及天棚其他装饰工程规范内容

项目编码	项目名称	项目特征	计量单位	工程量计算规则	工作内容
011302001	吊顶天棚	1. 吊顶形式、吊杆规格、高度 2. 龙骨材料种类、规格、中距 3. 基层材料种类、规格 4. 面层材料品种、规格 5. 压条材料种类、规格 6. 嵌缝材料种类 7. 防护材料种类	m²	按设计图示尺寸以水平投影面积计算。天棚面中的灯槽及跌级、锯齿形、吊挂式、藻井式天棚面积不展开计算。不扣除间壁墙、检查口、附墙烟囱、柱垛和管道所占面积，扣除单个>0.3 m² 的孔洞、独立柱及与天棚相连的窗帘盒所占的面积	1. 基层清理、吊杆安装 2. 龙骨安装 3. 基层板铺贴 4. 面层铺贴 5. 嵌缝 6. 刷防护材料
011302002	格栅吊顶	1. 龙骨材料种类、规格、中距 2. 基层材料种类、规格 3. 面层材料品种、规格 4. 防护材料种类		按设计图示尺寸以水平投影面积计算	1. 基层清理 2. 安装龙骨 3. 基层板铺贴 4. 面层铺贴 5. 刷防护材料
011302003	吊筒吊顶	1. 吊筒形状、规格 2. 吊筒材料种类 3. 防护材料种类			1. 基层清理 2. 吊筒制作安装 3. 刷防护材料
011303001	采光天棚	1. 骨架类型 2. 固定类型、固定材料品种、规格 3. 面层材料品种、规格 4. 嵌缝、塞口材料种类		按框外围展开面积计算	1. 清理基层 2. 面层制安 3. 嵌缝、塞口 4. 清洗
011304001	灯带(槽)	1. 灯带形式、尺寸 2. 格栅片材料品种、规格 3. 安装固定方式		按设计图示尺寸以框外围面积计算	安装、固定
011304002	送风口、回风口	1. 风口材料品种、规格 2. 安装固定方式 3. 防护材料种类	个	按设计图示数量计算	1. 安装、固定 2. 刷防护材料

> 知识准备

一、适用范围

天棚吊顶适用吊顶天棚、格栅吊顶、吊筒吊顶、藤条造型悬挂吊顶、织物软雕吊顶、装饰网架吊顶。

二、计算公式

(1) 吊顶天棚：按设计图示尺寸以水平投影面积计算。天棚面中的灯槽及跌级、锯齿形、吊挂式、藻井式天棚面积不展开计算。不扣除间壁墙、检查口、附墙烟囱、柱垛和管道所占面积，扣除单个 $>0.3 \text{ m}^2$ 的孔洞、独立柱及与天棚相连的窗帘盒所占的面积。

(2) 格栅吊顶、吊筒吊顶：按设计图示尺寸以水平投影面积计算。

(3) 藤条造型悬挂吊顶、织物软雕吊顶、装饰网架吊顶：按设计图示尺寸以水平投影面积计算。

三、注意事项

采光天棚骨架不包括在本节中，应单独按金属结构工程相关项目编码列项。

【例 3-25】 根据图 3-45 所示平面图，设计采用纸面石膏板吊顶天棚，具体工程做法为：刮腻子喷乳胶漆两遍；纸面石膏板规格为 1 200 mm×800 mm×6 mm；U 形轻钢龙骨；钢筋吊杆；钢筋混凝土楼板。试编制纸面石膏板天棚工程量清单。

解：$S=(3\times3-0.12\times2)\times(3\times2-0.12\times2)-0.3\times0.3\times2=50.28(\text{m}^2)$

工程量清单编制表见表 3-99。

表 3-99 工程量清单编制表

工程名称：某工程

序号	项目编码	项目名称	项目特征	计量单位	工程量	金额/元		
						综合单价	合价	其中暂估价
1	011302001001	天棚吊顶	刮腻子喷乳胶漆两遍；纸面石膏板规格为 1 200 mm×800 mm×6 mm；U 形轻钢龙骨；钢筋吊杆；钢筋混凝土楼板	m²	50.28			

案例解析

任务单： 根据 1 号生产车间图纸，对该工程二层④～⑭轴/Ⓐ～Ⓑ轴卫生间吊顶工程进行计量。

解析： S＝吊顶长度×吊顶宽度

工程量清单编制表见表 3-100。

吊顶工程计量

表 3-100　工程量清单编制表

工程名称：1 号生产车间

序号	项目编码	项目名称	项目特征	计量单位	工程量	金额/元		
						综合单价	合价	其中 暂估价

任务十三　措施项目清单的编制

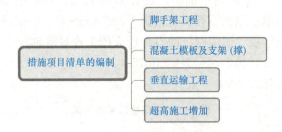

措施项目是指为完成工程项目施工，发生于该工程施工准备和施工过程中技术、生活、安全、环境保护等方面的项目。措施项目清单应根据相关工程现行国家计量规范的规定编制，措施项目清单应根据拟建工程的实际情况列项。

按照措施项目的特点，可将其分为一般措施项目和技术措施项目。一般措施项目是指没有列入工程定额且不可计量的措施项目；技术措施项目是指列入工程定额、在施工过程中耗费的非工程实体并且可以计量的措施项目。

能力一 脚手架工程

> **学习目标**

1. 能了解脚手架工程清单项目的设置；
2. 能掌握各项目工程量计算规则及计算公式；
3. 能正确计算相关工程量并编制工程量清单；
4. 能培养学生具有良好的工作态度、责任心和团队意识。

> **规范学习**

脚手架工程规范内容见表 3-101。

表 3-101 脚手架工程规范内容

项目编码	项目名称	项目特征	计量单位	工程量计算规则	工作内容
011701001	综合脚手架	1. 建筑结构形式 2. 檐口高度	m^2	按建筑面积计算	1. 场内、场外材料搬运 2. 搭、拆脚手架、斜道、上料平台 3. 安全网的铺设 4. 选择附墙点与主体连接 5. 测试电动装置、安全锁等 6. 拆除脚手架后材料的堆放
011701002	外脚手架	1. 搭设方式 2. 搭设高度 3. 脚手架材质		按所服务对象的垂直投影面积计算	
011701003	里脚手架				
011701004	悬空脚手架	1. 搭设方式 2. 悬挑宽度 3. 脚手架材质		按搭设的水平投影面积计算	1. 场内、场外材料搬运 2. 搭、拆脚手架、斜道、上料平台 3. 安全网的铺设 4. 拆除脚手架后材料的堆放
011701005	挑脚手架		m	按搭设长度乘以搭设层数以延长米计算	
011701006	满堂脚手架	1. 搭设方式 2. 搭设高度 3. 脚手架材质	m^2	按搭设的水平投影面积计算	

续表

项目编码	项目名称	项目特征	计量单位	工程量计算规则	工作内容
011701007	整体提升架	1. 搭设方式及启动装置 2. 搭设高度	m²	按所服务对象的垂直投影面积计算	1. 场内、场外材料搬运 2. 选择附墙点与主体连接 3. 搭、拆脚手架、斜道、上料平台 4. 安全网的铺设 5. 测试电动装置、安全锁等 6. 拆除脚手架后材料的堆放
011701008	外装饰吊篮	1. 升降方式及启动装置 2. 搭设高度及吊篮型号	m²	按所服务对象的垂直投影面积计算	1. 场内、场外材料搬运 2. 吊篮的安装 3. 测试电动装置、安全锁、平衡控制器等 4. 吊篮的拆卸

知识准备

一、适用范围

脚手架工程包括综合脚手架、外脚手架、里脚手架、悬空脚手架、挑脚手架、满堂脚手架、整体提升架、外装饰吊篮。

二、计算公式

(1) 综合脚手架：$S=$ 建筑面积。

(2) 外脚手架、里脚手架：$S=$ 垂直投影面积。

(3) 悬空脚手架：$S=$ 水平投影面积。

(4) 挑脚手架：$L=$ 搭设长度乘以搭设层数以延长米计。

(5) 满堂脚手架：$S=$ 水平投影面积。

(6) 整体提升架、外装饰吊篮外装饰吊篮：$S=$ 垂直投影面积。

三、相关说明

(1) 使用综合脚手架时，不再使用外脚手架、里脚手架等单项脚手架；综合脚手架适用能够按"建筑面积计算规则"计算建筑面积的建筑工程脚手架,不适用房屋加层、构筑物及附属工程脚手架。

(2)同一建筑物有不同檐高时,按建筑物竖向切面分别按不同檐高编列清单项目。

(3)整体提升架已包括2 m高的防护架体设施。

(4)建筑面积计算按《建筑工程建筑面积计算规范》(GB/T 50353—2013)计算。

(5)脚手架材质可以不描述,但应注明由投标人根据工程实际情况按照《建筑施工扣件式钢管脚手架安全技术规范》(JGJ 130—2011)、《建筑施工附着升降脚手架管理暂行规定》等自行确定。

【例3-26】 某房间平面尺寸如图3-51所示,地面至板底高度为6.8 m,KZ1截面尺寸为400 mm×400 mm,墙垛截面尺寸为200 mm×400 mm,墙厚200 mm,计算满堂脚手架工程量。

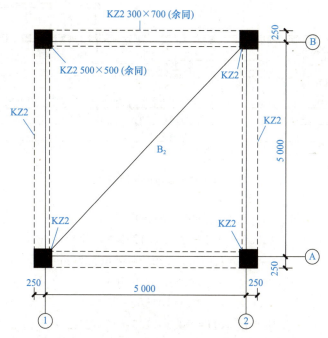

图3-51 现浇混凝土柱、梁、板结构示意

【解】 因为高度超过3.6 m,所以计算满堂脚手架基本层工程量,按室内净面积计算:
$S=(8-2\times0.2)\times(6-2\times0.2)-0.4\times0.4\times4-0.2\times0.4\times8-0.2\times0.2\times4=41.12(m^2)$
计算增加层$(6.8-5.2)\div1.2=1.33$(层)

$0.33\times1.2=0.4(m)<0.6$ m,按一个增加层乘以系数0.5计算,故增加层数量为1.5。

【例3-27】 图3-52所示是一砖混结构变电所平面图。假如①~②轴屋面板顶标高为4.80 m,女儿墙顶面标高为5.4 m;②~⑤轴屋面板顶标高为3.90 m,女儿墙顶面标高为4.5 m。设计室外地坪为-0.30 m,屋面板厚度为0.1 m。请计算:(1)外墙砌筑脚手架工程量;(2)内墙砌筑里脚手架工程量;(3)满堂脚手架工程量。

【解】 外墙砌筑脚手架计算时因外墙高度不同,长度要分别计算,②轴的墙体标高3.90 m以上应算作外墙。只有层高超过了3.6m时,才计算满堂脚手架。

1)外墙砌筑脚手架工程量:
$$S_w=L_w\times H$$

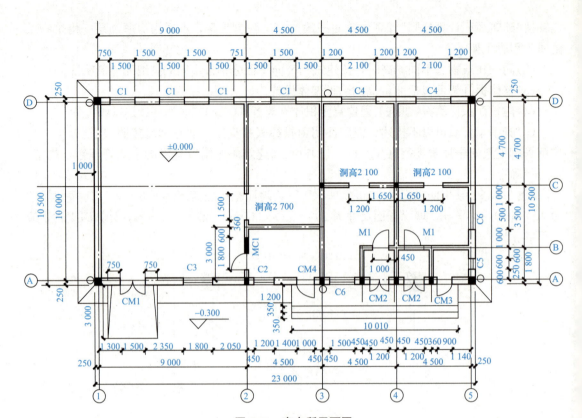

图 3-52 变电所平面图

①～②轴，除②以外：$H = 5.4 + 0.3 = 5.7(m)$
$L_w = 10.5 + (9 + 0.25 + 0.12) \times 2 = 29.24(m)$
$S_w = L_w \times H = 5.7 \times 29.24 = 166.67(m^2)$

②轴： $H = 5.4 - 3.9 = 1.5(m)$
$L_w = 10.5\ m$
$S_w = L_w \times H = 10.5 \times 1.5 = 15.75(m^2)$

①～②轴外墙脚手架小计 $166.67 + 15.75 = 182.42(m^2)$。

②～⑤轴：$H = 4.5 + 0.3 = 4.8(m)$
$L_w = (4.5 \times 3 - 0.12 + 0.25) \times 2 + 10.5 = 37.76(m)$
$S_w = L_w \times H = 4.8 \times 37.76 = 181.25(m^2)$

②～⑤轴外墙脚手架小计 $181.25\ m^2$。

外墙砌筑脚手架工程量合计：$182.42 + 181.25 = 363.67(m^2)$。

(2) 内墙砌筑里脚手架工程量：

②轴：$H = 4.8 - 0.1 = 4.7(m)$
$L_w = 10 - 0.24 = 9.76(m)$
$S_w = L_w \times H = 4.7 \times 9.76 = 45.87(m^2)$

其他轴：$H = 3.9 - 0.1 = 3.8(m)$
$L_w = (10 - 0.24) \times 2 + 1.8 + (1.8 - 0.24) + (4.5 - 0.24) \times 4 + (1.2 + 0.45 \times 2)$
$= 42.02(m)$

$S_w = L_w \times H = 3.8 \times 42.02 = 159.68(m^2)$

内墙砌筑里脚手架工程量合计：$45.87 + 159.68 = 205.55(m^2)$。

(3)满堂脚手架工程量：

层高虽超过 3.6 m，但都没超过 5.2 m，只计算一个基本层。

公式：$S_m = L_j \times B_j$

$S_m = (9-0.24) \times (10-0.24) + (4.5-0.24) \times (10-3-0.24) + (3-0.24) \times (4.5-0.24) + (4.7-0.24) \times (4.5-0.24) \times 2 + (4.5-0.24) \times (3.5+1.8-0.24) \times 2 - (1.2+0.45 \times 2+1.8+4.5-0.24+1.8-0.24) \times 0.24 = 85.5+28.8+11.76+19+38+43.11-2.33 = 223.84(m^2)$

满堂脚手架工程量：223.84 m^2。

案例解析

任务单：根据 1 号生产车间图纸，对该工程整体脚手架工程进行计量。

解析：$S =$ 建筑面积

工程量清单编制表见表 3-102。

脚手架工程计量

表 3-102　工程量清单编制表

工程名称：1号生产车间

序号	项目编码	项目名称	项目特征	计量单位	工程量	金额/元		
						综合单价	合价	其中 暂估价

能力二　混凝土模板及支架(撑)

学习目标

1. 能了解混凝土模板及支架工程清单项目的设置；
2. 能掌握各项目工程量计算规则及计算公式；
3. 能正确计算相关工程量并编制工程量清单；
4. 能培养学生熟悉行业规范、各项法规、政策并熟练运用的能力。

混凝土模板及支架(撑)规范内容见表3-103。

表3-103 混凝土模板及支架(撑)规范内容

项目编码	项目名称	项目特征	计量单位	工程量计算规则	工作内容
011702001	基础	基础类型	m²	按模板与现浇混凝土构件的接触面积计算 1. 现浇钢筋混凝土墙、板单孔面积≤0.3 m²的孔洞不予扣除，洞侧壁模板也不增加；单孔面积＞0.3 m²时应予扣除，洞侧壁模板面积并入墙、板工程量内计算。 2. 现浇框架分别按梁、板、柱有关规定计算；附墙柱、暗梁、暗柱并入墙内工程量内计算。 3. 柱、梁、墙、板相互连接的重叠部分，均不计算模板面积。 4. 构造柱按图示外露部分计算模板面积	1. 模板制作 2. 模板安装、拆除、整理堆放及场内外运输 3. 清理模板粘结物及模内杂物、刷隔离剂等
011702002	矩形柱				
011702003	构造柱				
011702004	异形柱	柱截面形状			
011702005	基础梁	梁截面形状			
011702006	矩形梁	支撑高度			
011702007	异形梁	1. 梁截面形状 2. 支撑高度			
011702008	圈梁				
011702009	过梁				
011702010	弧形、拱形梁	1. 梁截面形状 2. 支撑高度			
011702011	直形墙				
011702012	弧形墙				
011702013	短肢剪力墙、电梯井壁				
011702014	有梁板				
011702015	无梁板				
011702016	平板				
011702017	模板	支撑高度			
011702018	薄壳板				
011702019	空心板				
011702020	其他板				
011702021	栏板				

续表

项目编码	项目名称	项目特征	计量单位	工程量计算规则	工作内容
011702022	天沟、檐沟	构件类型	m²	按模板与现浇混凝土构件的接触面积计算	1. 模板制作 2. 模板安装、拆除、整理堆放及场内外运输 3. 清理模板粘结物及模内杂物、刷隔离剂等
011702023	雨篷、悬挑板、阳台板	1. 构件类型 2. 板厚度		按图示外挑部分尺寸的水平投影面积计算,挑出墙外的悬臂梁及板边不另计算	
011702024	楼梯	类型		按楼梯(包括休息平台、平台梁、斜梁和楼层板的连接梁)的水平投影面积计算,不扣除宽度≤500 mm 的楼梯井所占面积,楼梯踏步、踏步板、平台梁等侧面模板不另计算,伸入墙内部分也不增加	
011702025	其他现浇构件	构件类型		按模板与现浇混凝土构件的接触面积计算	
011702026	电缆沟、地沟	1. 沟类型 2. 沟截面		按模板与电缆沟、地沟接触的面积计算	
011702027	台阶	台阶踏步宽		按图示台阶水平投影面积计算,台阶端头两侧不另计算模板面积。架空式混凝土台阶,按现浇楼梯计算	
011702028	扶手	扶手断面尺寸		按模板与扶手的接触面积计算	
011702029	散水		m²	按模板与散水的接触面积计算	1. 模板制作 2. 模板安装、拆除、整理堆放及场内外运输 3. 清理模板粘结物及模内杂物、刷隔离剂等
011702030	后浇带	后浇带部位		按模板与后浇带的接触面积计算	
011702031	化粪池	1. 化粪池部位 2. 化粪池规格		按模板与混凝土接触面积计算	
011702032	检查井	1. 检查井部位 2. 检查井规格			

知识准备

一、适用范围

混凝土模板及支架(撑)项目包括基础,矩形柱,构造柱,异形柱,基础梁,矩形梁,异形梁,圈梁,过梁,弧形、拱形梁,直形墙,弧形墙,短肢剪力墙,电梯井壁,有梁板,无梁板,平板,拱板,薄壳板,空心板,其他板,栏板,天沟,檐沟,雨篷,悬挑板,阳台板,楼梯,其他现浇构件,电缆沟、地沟,台阶,扶手,散水,后浇带,化粪池,检查井。

二、计算公式

(1)基础、柱、梁、墙、板、天沟、檐沟:S=模板与现浇混凝土构件的接触面积。
(2)雨篷、悬挑板、阳台板:S=外挑部分水平投影面积。
(3)楼梯:S=楼梯的水平投影面积。
(4)台阶:S=台阶的水平投影面积。

三、相关说明

(1)原槽浇灌的混凝土基础、垫层,不计算模板。
(2)此混凝土模板及支撑(架)项目,只适用以平方米计量,按模板与混凝土构件的接触面积计算,以"立方米"计量,模板及支撑(支架)不再单列,按混凝土及钢筋混凝土实体项目执行,综合单价中应包含模板及支架。
(3)采用清水模板时,应在特征中注明。
(4)若现浇混凝土梁、板支撑高度超过 3.6 m 时,项目特征应描述支撑高度。

【例 3-28】 某工程框架结构二层现浇混凝土柱、梁、板如图 3-53 所示,结构层高为 3.6 m,板厚为 120 mm,梁顶标高为+7.2 m,柱的区域部分为(+3.2~+7.2 m),计算该层现浇混凝土模板工程量。

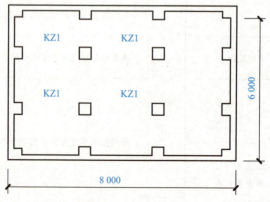

图 3-53 某房间平面图

【解】(1)矩形柱模板工程量(扣减梁、板交接处面积)：
$$4×(3.6×0.5×4-0.3×0.7×2-0.2×0.12×2)=26.93(m^2)$$
(2)矩形梁模板工程量(扣减板交接处面积)：
$$[4.5×(0.7×2+0.3)-4.5×0.12]×4=28.44(m^2)$$
(3)板模板工程量(扣减柱、梁交接处面积)：
$$(5.5-2×0.3)×(5.5-2×0.3)-0.2×0.2×4=23.85(m^2)$$

案例解析

任务单：根据1号生产车间图纸，对该工程Ⓐ轴/①轴间的ZJ1的模板工程进行计量。

解析：具体计算见二维码。

工程量清单编制表见表3-104。

独立基础模板工程计量

表3-104 工程量清单编制表

工程名称：1号生产车间

序号	项目编码	项目名称	项目特征	计量单位	工程量	金额/元		其中
						综合单价	合价	暂估价

能力三 垂直运输工程

学习目标

1. 能了解垂直运输工程清单项目的设置；
2. 能掌握各项目工程量计算规则及计算公式；
3. 能正确计算相关工程量并编制工程量清单；
4. 能培养学生一丝不苟的学习态度和工作作风。

规范学习

垂直运输规范内容见表3-105。

表3-105 垂直运输规范内容

项目编码	项目名称	项目特征	计量单位	工程量计算规则	工作内容
011703001	垂直运输	1. 建筑物建筑类型及结构形式 2. 地下室建筑面积 3. 建筑物檐口高度、层数	1. m² 2. 天	1. 按建筑面积计算 2. 按施工工期日历天数计算	1. 垂直运输机械的固定装置、基础制作、安装 2. 行走式垂直运输机械轨道的铺设、拆除、摊销

知识准备

一、计算公式

(1)S＝建筑面积。

(2)T＝施工工期日历天数。

二、相关说明

(1)建筑物的檐口高度是指设计室外地坪至檐口滴水的高度(平屋顶是指屋面板底高度),凸出主体建筑物屋顶的电梯机房、楼梯出口间、水箱间、瞭望塔、排烟机房等不计入檐口高度。

(2)垂直运输机械是指施工工程在合理工期内所需垂直运输机械。

(3)同一建筑物有不同檐高时,按建筑物的不同檐高做纵向分割,分别计算建筑面积,以不同檐高分别编码列项。

【例 3-29】 某工程檐高及各部分面积如图 3-54 所示,地上建筑物层高均为 3.6 m,试计算垂直运输工程量。

【解】(1)垂直运输工程量 20 m 以内:S_2＝4 320 m²。

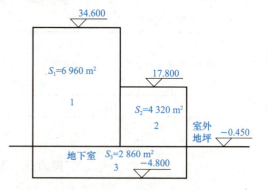

图 3-54　建筑面积及檐高示意

(2)垂直运输工程量 40 m 以内:S_1＝6 960 m²。

(3)地下室垂直运输工程量:S_3＝2 860 m²。

【例 3-30】 某高层建筑如图 3-55 所示,框架结构,女儿墙高度为 1.8 m,由某总承包公司承包,施工组织设计中,垂直运输采用自升式塔式起重机及单笼施工电梯。求垂直运输工程量并编制工程量清单表。

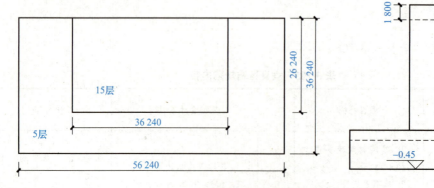

图 3-55　某高层建筑示意

【解】 根据图3-55可知，该建筑有两个檐口高度：94.20 m、22.50 m。垂直运输工程量应按不同檐高分别计算。

檐高94.20 m以内垂直运输工程量：

$$36.24 \times 26.24 \times 5 + 36.24 \times 26.24 \times 15 = 19\ 018.75 (m^2)$$

檐高22.50 m以内垂直运输工程量：

$$(56.24 \times 36.24 - 36.24 \times 26.24) \times 5 = 5\ 436.00 (m^2)$$

工程量清单编制表见表3-106。

表3-106 工程量清单编制表

工程名称：某工程

序号	项目编码	项目名称	项目特征	计量单位	工程量	金额/元	
						综合单价	合价
1	011703001001	垂直运输（檐高94.20 m以内）	建筑物建筑类型及结构形式：现浇框架结构建筑物檐口高度、层数：94.20 m、20层	m²	19 018.75		
2	011703001002	垂直运输（檐高22.50 m以内）	建筑物建筑类型及结构形式：现浇框架结构建筑物檐口高度、层数：22.50 m、5层	m²	5 436.00		

案例解析

任务单：根据1号生产车间图纸，对该工程整体垂直运输工程进行计量。

解析：$S=$建筑面积

工程量清单编制表见表3-107。

垂直运输工程计量

表3-107 工程量清单编制表

工程名称：1号生产车间

序号	项目编码	项目名称	项目特征	计量单位	工程量	金额/元		
						综合单价	合价	其中
								暂估价

能力四 超高施工增加

学习目标

1. 能了解超高施工增加清单项目的设置；
2. 能掌握各项目工程量计算规则及计算公式；

3. 能正确计算相关工程量并编制工程量清单；
4. 能培养学生具有观察、分析、判断、解决问题的能力和创新能力。

规范学习

超高施工增加规范内容见表 3-108。

表 3-108 超高施工增加规范内容

项目编码	项目名称	项目特征	计量单位	工程量计算规则	工作内容
011704001	超高施工增加	1. 建筑物建筑类型及结构形式 2. 建筑物檐口高度、层数 3. 单层建筑物檐口高度超过 20 m，多层建筑物超过 6 层部分的建筑面积	m²	按建筑物超高部分的建筑面积计算	1. 建筑物超高引起的人工工效降低以及由于人工工效降低引起的机械降效 2. 高层施工用水加压水泵的安装、拆除及工作台班 3. 通信联络设备的使用及摊销

知识准备

一、计算公式

$$S = 建筑物超高部分的建筑面积$$

二、相关说明

（1）单层建筑物檐口高度超过 20 m，多层建筑物超过 6 层时，可按超高部分的建筑面积计算超高施工增加。计算层数时，地下室不计入层数。

（2）同一建筑物有不同檐高时，可按不同高度的建筑面积分别计算建筑面积，以不同檐高分别编码列项。

【例 3-31】 某综合楼分层及檐高如图 3-56 所示，试编制该工程超高施工增加费清单。按照企业决策，根据市场信息价格取定，假设：人工、材料、机械与定额取定价格相同；经计价人分析计算得出该单位工程（包括地下室）扣除垂直运输、各类构件单独水平运输、各项脚手架、预制混凝土及金属构件制作后的人工费为 240 万元，机械费为 150 万元；工程取费按以人工费、机械费之和为基数：企业管理费 15%、利润 10%，风险费按工、料、机 5%，

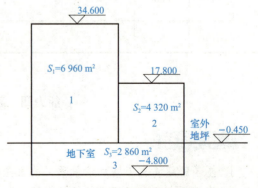

图 3-56 某综合楼平面图

试计算编制该工程超高施工降效费和加压水泵及其他费用。

【解】 按图计算的相应层次建筑面积列表见表3-109。

表3-109 建筑面积计算列表

层次	A单元			B单元		
	层数	层高/m	建筑面积/m²	层数	层高/m	建筑面积/m²
地下	1	3.4	800	1	3.4	1 200
首层	1	8	800	1	4	1 200
二层	1	4.5	800	1	4	1 200
标准层	1	3.6	800	7	3.6	7 000
顶层	1	3.6	800	1	5	1 000
屋顶				1	3.6	20
合计	4		4 000	11		11 620

(1)清单编制:该工程A单元檐高19.85 m<20 m,B单元檐高36.45 m>20 m,应计算施工超高有关费用。计算基数应按超高面积与单位工程整体面积比例划分,故清单中应描述超高部分面积或所占比例。

(2)按本省补充的清单编号列项,编制清单见表3-110。

其中,从首层开始计算超高面积=11 620-1 200=10 420(m²)

表3-110 建筑物超高施工降效增加费

项目编号	项目名称	计量单位	数量
Z010901001001	超高施工增加费人工降效,机械降效,超高施工加压水泵台班及其他;檐高20 m内建筑面积4 000 m²;檐高36.45 m建筑面积11 620 m²,其中首层地坪以上10 420 m²,包括层高3.6 m内7 020 m²,4 m层高2 400 m²,5 m层高1 000 m²	m²	10 420

能力五 大型机械设备进出场及安拆、施工排水、降水

学习目标

1. 能了解大型机械设备进出场及安拆、施工排水、降水清单项目的设置;
2. 能掌握工程量计算规则;
3. 能正确计算相关工程量并编制工程量清单;
4. 能培养学生熟悉行业规范、各项法规、政策并熟练运用的能力。

规范学习

大型机械设备进出场及安拆、施工排水、降水规范内容见表 3-111。

表 3-111　大型机械设备进出场及安拆、施工排水、降水规范内容

项目编码	项目名称	项目特征	计量单位	工程量计算规则	工作内容
011705001	大型机械设备进出场及安拆	1. 机械设备名称 2. 机械设备规格型号	台次	按使用机械设备的数量计算	1. 安拆费包括施工机械、设备在现场进行安装拆卸所需人工、材料、机械和试运转费用以及机械辅助设施的折旧、搭设、拆除等费用 2. 进出场费包括施工机械、设备整体或分体自停放地点运至施工现场或由一施工地点运至另一施工地点所发生的运输、装卸、辅助材料等费用
011706001	成井	1. 成井方式 2. 地层情况 3. 成井直径 4. 井（滤）管类型、直径	m	按设计图示尺寸以钻孔深度计算	1. 准备钻孔机械、埋设护筒、钻机就位；泥浆制作、固壁；成孔、出渣、清孔等 2. 对接上、下井管（滤管）、焊接、安放、下滤料、洗井、连接试抽等
011706002	排水、降水	1. 机械规格型号 2. 降排水管规格	昼夜	按排水、降水日历天数计算	1. 管道安装、拆除，场内搬运等 2. 抽水、值班、降水设备维修等

知识准备

一、适用范围

大型机械设备进出场及安拆工程量按使用机械设备的数量以台次计算。产生的费用包括机械进出场运输和转移费用，以及机械在施工现场进行安装、拆卸所需的费用。

施工排水、降水项目包括成井，排水、降水项目。

二、计算公式

(1)大型机械设备安拆费按台次计算;
(2)大型机械设备进出场费按台次计算;
(3)轻型井点、喷射井点排水的井管安装、拆除以根为单位计算,使用以套/天计算;真空深井、直流深井排水的安装拆除以每口井计算,使用以每口井/天计算;
(4)使用天数以每昼夜(24 h)为一天,并按确定的施工组织设计要求的使用天数计算;
(5)集水井按设计图示数量以座计算,大口井按累计井深以长度计算。

三、相关说明

(1)安拆费包括施工机械、设备在现场进行安装、拆卸所需的人工费、材料费、机械费和试运转费用以及机械辅助设施的折旧、搭设、拆除等费用。
(2)进出场费包括施工机械、设备整体或分体自停放地点运至施工现场或由一个施工地点运至另一个施工地点所发生的运输、装卸、辅助材料等费用。
(3)施工排水是指为保证工程在正常条件下施工,所采取的排水措施所发生的费用。
(4)施工降水是指为保证工程在正常条件下施工,所采取的降低地下水水位的措施所发生的费用。

【例 3-32】 某宿舍楼工程用塔式起重机(6 t)一台,塔式起重机混凝土基础体积为 16 m^3,试计算塔式起重机工程量并套定额确定其费用。

【解】(1)塔式起重机混凝土基础工程量=16.00 m^3。
塔式起重机混凝土基础套 10-5-1。
定额基价=1 686.24 元/(10 m^3)。
(2)塔式起重机(6 t)安装拆卸工程量=1 台次。
塔式起重机(6 t)安装拆卸套 10-5-20。
定额基价=4 991.83 元/台次。
(3)塔式起重机(6 t)场外运输工程量=1 台次。
塔式起重机(6 t)场外运输套 10-5-20-1。
定额基价=7 173.69 元/台次。

【例 3-33】 某工程施工组织设计采用轻型井点降水,施工方案为环形井点布置,井点间距为 1.2 m,降水 30 天,已知降水范围闭合区间长为 60 m,宽为 20 m。试求轻型井点降水工程量。

【解】闭合周长:(60+20)×2=160(m)
(1)井管数量:160÷1.2=134(根)
(2)井管套数:134÷50=2.68(套),取 3 套

能力六　安全文明施工及其他措施项目

学习目标

1. 了解《房屋建筑与装饰工程工程量计算规范》(GB 50854—2013)中一般措施项目清单项目的设置；
2. 能掌握一般措施项目工程量计算规则；
3. 能正确计算相关工程量并编制工程量清单；
4. 培养学生熟悉行业规范、各项法规、政策并熟练运用的能力。

规范学习

安全文明施工及其他指施工项目规范内容见表 3-112。

表3-112　安全文明施工及其他指施工项目规范内容

项目编码	项目名称	工作内容及包含范围
011707001	安全文明施工	1. 环境保护：现场施工机械设备降低噪声、防扰民措施；水泥和其他易飞扬细颗粒建筑材料密闭存放或采取覆盖措施等；工程防扬尘洒水；土石方、建渣外运车辆防护措施等；现场污染源的控制、生活垃圾清理外运、场地排水排污措施；其他环境保护措施 2. 文明施工："五牌一图"；现场围挡的墙面美化(包括内外粉刷、刷白、标语等)、压顶装饰；现场厕所便槽刷白、贴面砖，水泥砂浆地面或地砖，建筑物内临时便溺设施；其他施工现场临时设施的装饰装修、美化措施；现场生活卫生设施；符合卫生要求的饮水设备、淋浴、消毒等设施；生活用洁净燃料；防煤气中毒、防蚊虫叮咬等措施；施工现场操作场地的硬化；现场绿化、治安综合治理；现场配备医疗保健器材、物品和急救人员培训；现场工人的防暑降温、电风扇、空调等设备及用电；其他文明施工措施 3. 安全施工：安全资料、特殊作业专项方案的编制，安全施工标志的购置及安全宣传；"三宝"(安全帽、安全带、安全网)、"四口"(楼梯口、电梯井口、通道口、预留洞口)、"五临边"(阳台围边、楼板围边、屋面围边、槽坑围边、卸料平台两侧)，水平防护架、垂直防护架、外架封闭等防护；施工安全用电，包括配电箱三级配电、两级保护装置要求、外电防护措施；起重机、塔式起重机等起重设备(含井架、门架)及外用电梯的安全防护措施(含警示标志)及卸料平台的临边防护、层间安全门、防护棚等设施；建筑工地起重机械的检验检测；施工机具防护棚及其围栏的安全保护设施；施工安全防护通道；工人的安全防护用品、用具购置；消防设施与消防器材的配置；电气保护、安全照明设施；其他安全防护措施 4. 临时设施：施工现场采用彩色、定型钢板，砖、混凝土砌块等围挡的安砌、维修、拆除；施工现场临时建筑物、构筑物的搭设、维修、拆除，如临时宿舍、办公室、食堂、厨房、厕所、诊疗所、临时文化福利用房、临时仓库、加工场、搅拌台、临时简易水塔、水池等；施工现场临时设施的搭设、维修、拆除，如临时供水管道、临时供电管线、小型临时设施等；施工现场规定范围内临时简易道路铺设，临时排水沟、排水设施安砌、维修、拆除；其他临时设施搭设、维修、拆除
011707002	夜间施工	1. 夜间固定照明灯具和临时可移动照明灯具的设置、拆除 2. 夜间施工时，施工现场交通标志、安全标牌、警示灯等的设置、移动、拆除 3. 包括夜间照明设备及照明用电、施工人员夜班补助、夜间施工劳动效率降低等
011707003	非夜间施工照明	为保证工程施工正常进行，在地下室等特殊施工部位施工时所采用的照明设备的安拆、维护及照明用电等

续表

项目编码	项目名称	工作内容及包含范围
011707004	二次搬运	由于施工场地条件限制而发生的材料、成品、半成品等一次运输不能到达堆放地点，必须进行的二次或多次搬运
011707005	冬雨期施工	1. 冬雨(风)期施工时增加的临时设施(防寒保温、防雨、防风设施)的搭设、拆除 2. 冬雨(风)期施工时，对砌体、混凝土等采用的特殊加温、保温和养护措施 3. 冬雨(风)期施工时，施工现场的防滑处理、对影响施工的雨雪的清除 4. 包括冬雨(风)期施工时增加的临时设施、施工人员的劳动保护用品、冬雨(风)期施工劳动效率降低等
011707006	地上、地下设施、建筑物的临时保护设施	在工程施工过程中，对已建成的地上、地下设施和建筑物进行的遮盖、封闭、隔离等必要保护措施
011707007	已完工程及设备保护	对已完工程及设备采取的覆盖、包裹、封闭、隔离等必要保护措施

知识准备

一、适用范围

一般措施项目包括安全文明施工费，夜间施工，非夜间施工照明，二次搬运，冬雨期施工，地上、地下设施、建筑物的临时保护设施，已完工程及设备保护。清单编制时应根据拟建工程的实际情况列项。

二、计算公式

清单编制时，一般以"项"为计量单位进行编制。

三、相关说明

(1)安全文明施工费是指工程施工期间按照国家现行的环境保护、建筑施工安全、施工现场环境与卫生标准和有关规定，购置和更新施工安全防护用具及设施、改善安全生产条件和作业环境所需要的费用。安全文明施工费的内容和范围，应以国家和工程所在地省级建设行政主管部门的规定为准。发包人应在工程开工后的28天内预付不低于当年的安全文明施工费总额的50%，其余部分与进度款同期支付。发包人没有按时支付安全文明施工费的，承包人可催告发包人支付；发包人在付款期满后的7天内仍未支付的，若发生安全事故的，发包人应承担连带责任。承包人应对安全文明施工费专款专用，在财务账目中单独列项备查，不得挪作他用，否则发包人有权要求其限期改正；逾期未改正的，造成的损失和(或)延误的工期由承包人承担。

(2)施工排水是指为保证工程在正常条件下施工，所采取的排水措施所发生的费用。

（3）施工降水是指为保证工程在正常条件下施工，所采取的降低地下水水位措施所发生的费用。

任务单：根据1号生产车间图纸，对该工程一般措施项目进行列项。

解析：工程量计算作业表见表3-113。

措施项目费计算

表3-113 工程量计算作业表

姓名		班级		学号		组别	
工作任务							
序号	项目编码	项目名称		计算基础		费率(%)	金额/元
		安全文明施工费					
		夜间施工费					
		二次搬运费					
		冬雨期施工					
		大型机械设备进出场及安拆费					
		施工排水					
		施工降水					
		地上、地下设施、建筑物的临时保护设施					
		已完工程及设备保护					
		各专业工程的措施项目					
		合计					

任务十四　其他项目清单编制

思维导图

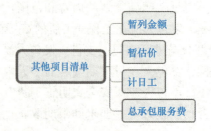

> 学习目标

1. 能了解其他项目清单项目的设置；
2. 能掌握各项目工程量计算规则；
3. 能正确计算相关工程量并编制工程量清单；
4. 能培养学生具有良好的工作态度、责任心、团队意识、协作能力，并使其能吃苦、耐劳。

> 规范学习

其他项目是指为完成工程项目施工发生的除分部分项工程项目、措施项目外的由于招标人的特殊要求而设置的项目。

一、其他项目清单的内容

（1）暂列金额：招标人在工程量清单中暂定并包括在合同价款中的一笔款项，用于工程合同签订时尚未确定或者不可预见的所需材料、设备、服务的采购，施工中可能发生的工程变更、合同约定调整因素出现时的工程价款调整以及发生的索赔、现场签证确认等的费用。

（2）暂估价：招标人在工程量清单中提供的用于支付必然发生但暂时不能确定价格的材料、工程设备的单价以及专业工程的金额。

（3）计日工：在施工过程中，承包人完成发包人提出的施工图纸以外的零星项目或工作，按合同中约定的综合单价计价的一种方式。

（4）总承包服务费：总承包人为配合协调发包人进行的专业工程分包，发包人自行采购的设备、材料等进行保管以及施工现场管理、竣工资料汇总整理等服务所需的费用。

二、其他项目清单的编制及注意事项

1. 其他项目清单

其他项目清单的计量单位为"项"，工程数量为"1"，以金额形式表示。

其他项目清单的编制见表3-114。

表3-114 其他项目清单与计价汇总表

工程名称： 标段：第 页 共 页

序号	项目名称	金额/元	结算金额/元	备注
1	暂列金额	项		
2	暂估价			
2.1	材料(工程设备)暂估价	—		
2.2	专业工程暂估价			
3	计日工			

续表

序号	项目名称	金额/元	结算金额/元	备注
4	总承包服务费			
5	索赔与现场签证			
	合计			—

2. 注意事项

（1）暂列金额、暂估价、计日工、总承包服务费均为估算、预测数量，虽在投标时计入投标人的报价，但不应视为投标人所有。竣工结算时，应按承包人实际完成的工作内容结算，剩余部分仍归招标人所有。

（2）其他项目清单中招标人填写的项目名称、数量、金额，投标人不得随意改动，投标人对招标人提出的项目与数量必须进行报价。如果不报价，招标人有权认为投标人就未报价内容要无偿为自己服务。

（3）当投标人认为招标人列项不全时，投标人可自行增加列项，并确定本项目的工程量及计价。

（4）材料暂估单价进入清单项目综合单价的，其他项目清单中不汇总。

（5）当实际所发生的项目，"计价规范"所提供的四项参照内容中未包括的，清单编制人可做补充，补充项目列在已有清单项目最后并以"补"字在序号栏中表示。

任务十五　规费和税金项目清单编制

1. 能了解规费和税金项目清单项目的设置；
2. 能掌握各项目工程量计算规则；
3. 能正确计算相关工程量并编制工程量清单；
4. 能培养学生熟悉行业规范、各项法规、政策并熟练运用的能力。

规范学习

一、规费项目清单的编制

规费和税金计算

规费项目清单应按照下列内容列项:
(1) 工程排污费;
(2) 社会保险费:包括养老保险费、失业保险费、医疗保险费、工伤保险费、生育保险费;
(3) 住房公积金;
出现上述未列的项目,应根据省级政府或省级有关权力部门的规定列项。

二、税金项目清单的编制

税金项目清单应包括下列内容:
(1) 增值税;
(2) 城市维护建设税;
(3) 教育费附加;
(4) 地方教育附加。
出现上述未列的项目,应根据税务部门的规定列项。

理论考核

一、单项选择题

1. 某卷材屋面,女儿墙内侧周长为 140 m,围成的面积为 1 000 m²,则卷材屋面工程量为( )m²。
   A. 1 000   B. 1 140   C. 1 035   D. 1 070

2. 某建筑物采用现浇整体楼梯,楼梯共 4 层自然层,楼梯间净长为 6 m,净宽为 3 m,楼梯井宽为 500 mm,长为 3 m,则该现浇楼梯的混凝土工程量为( )m²。
   A. 18   B. 72   C. 70.5   D. 66

3. 在计算条形砖基础工程量时,基础大放脚 T 形接头处的重叠部分( )。
   A. 单独列项计算   B. 不增加
   C. 不扣除   D. 合并到条形砖基础工程量

4. 关于安全文明施工的说法中,下列正确的是( )。
   A. 安全施工包含安全标志的购置及安全宣传的费用
   B. 生活用洁净燃料费属于环境保护费
   C. 消防设施与消防器材的配置费属于文明施工费
   D. 施工现场操作场地的硬化费用、现场绿化费用、治安综合治理费用属于环境保护费

5. 在编制工程量清单时,主要的步骤包括①招标文件;②编制工程量清单;③计算工程量;④确定项目特征;⑤确定项目编码;⑥确定项目名称;⑦确定计量单位。下列排列顺序正确的是( )。
   A. ①③④⑤⑥⑦②
   B. ①③⑥⑤④⑦②
   C. ①⑥⑤④⑦③②
   D. ①⑦⑥⑤④③②

6. 已知某砖外墙中心线总长为 60 m,毛石混凝土基础底面标高为−1.4 m,毛石混凝土与砖砌筑的分界面标高为−0.24 m,室内地坪±0.00 m,墙顶面标高为 3.3 m,厚为 0.37 m,则砖墙工程量为( )m³。
   A. 67.93　　　B. 73.26　　　C. 78.59　　　D. 104.34

二、多项选择题

1. 工程量清单计价规范要求的"五个要件"包括( )。
   A. 统一项目编码　　　　　　B. 统一项目名称
   C. 统一项目特征　　　　　　D. 统一计量单位
   E. 统一工程量计算规则

2. 依据"计算规范",楼地面卷材防水需计入清单工程量的有( )。
   A. 防水卷材的搭接工程量　　B. 防水卷材的附加层工程量
   C. 防水卷材≤300 mm 的反边工程量　　D. 主墙间净空面积
   E. 间壁墙的占位面积

3. 在计算实心砖墙工程量时,下列构件体积需要扣除的有( )。
   A. 门窗洞口　　B. 钢筋铁件　　C. 梁头板头　　D. 混凝土梁
   E. 混凝土柱

4. 根据"计算规范",有关土石方工程计算规则的说法,下列正确的有( )。
   A. 土石方体积应按挖掘前的天然密实体积计算
   B. 底宽≤7 m 且底长>3 倍底宽为沟槽;底长≤3 倍底宽且底面积≤150 m² 为基坑
   C. 基础土方开挖深度应按基础垫层底表面标高至室内地面标高确定
   D. 管沟土方项目中,有管沟设计时,平均深度以沟垫层底面标高至交付施工场地标高计算
   E. 余方弃置按挖方清单项目工程量减回填方体积(正数)计算,单位:m³

技能训练

某办公楼平面如图 3-57 所示,内、外墙均为空心砖墙,外墙厚 370 mm,内墙厚 240 mm、120 mm,楼层层高 3.6 m,楼板厚 120 mm,柱子尺寸为 500 mm×500 mm,外墙框架梁尺寸为 370 mm(宽)×300 mm(高),240 mm 内墙框架梁尺寸为 240 mm(宽)×250 mm(高),C1 窗尺寸 1 200 mm×1 500 mm,M1 门尺寸为 1 800 mm×2 100 mm,M2 门尺寸为 900 mm×2 100 mm。计算空心砖墙的工程量。

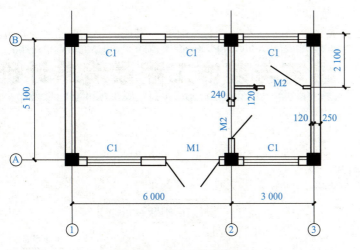

图 3-57　某办公楼平面图

项目四　建筑与装饰工程量清单计价的编制

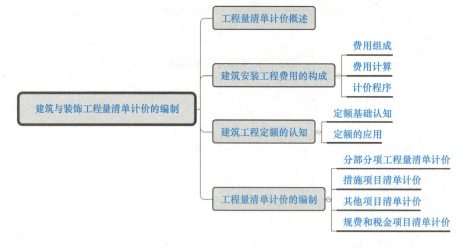

任务一　工程量清单计价概述

学习目标

1. 能掌握工程量清单计价的概念；
2. 能了解清单计价的编制流程；
3. 能培养学生一丝不苟的学习态度和工作作风。

一、工程量清单计价的概念

"计价规范"中规定使用国有资金投资的建设工程发承包必须采用工程量清单计价。工程量清单计价是指在建设工程招标投标中心，招标人或委托具有资质的工程造价咨询人编制工程量清单，并作为招标文件中的一部分提供给投标人，由投标人依据工程量清单进行自主报价的计价活动。

工程量清单计价反映投标人完成由招标人提供的工程量清单所需的全部费用招标文件中的工程量清单标明的工程量，是投标人投标报价的共同基础。

二、工程量清单计价基本程序

工程量清单计价基本程序如图 4-1 所示。

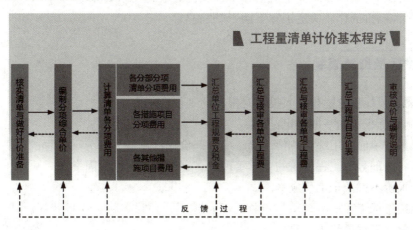

图 4-1　工程量清单计价基本程序

三、工程量清单计价应用过程

工程量清单计价应用过程如图 4-2 所示。

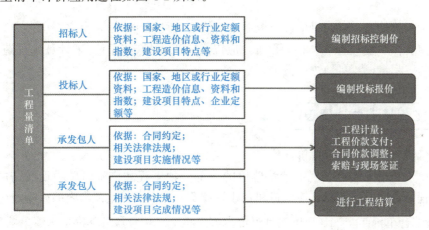

图 4-2　工程量清单计价应用过程

四、招标控制价的编制

1. 概念

招标控制价是招标人根据国家或省级、行业建设主管部门颁发的有关计价依据和办法，以及拟订的招标文件和招标工程量清单，编制的招标工程的最高限价。

2. 解析

(1)招标控制价也称"拦标价"或"最高限价";

(2)招标人根据"计价规范"计算招标工程的工程造价;

(3)招标控制价是国家或业主对招标工程发包的最高投标限价;

(4)招标控制价的作用决定了它不同于"标底"。

五、投标报价的编制

(1)概念:投标报价是投标人投标时报出的工程合同价。

(2)编制投标报价的一般规定:

1)工程量清单应采用综合单价计价。综合单价除计算各分部分项工程的人、材、机外,还必须计入各分部分项工程所需的企业管理费、利润并考虑风险因素。

2)投标报价不得低于工程成本。

3)必须按招标工程量清单填报价格。项目编码、项目名称、项目特征、计量单位、工程量必须与招标工程量清单一致。

4)分部分项工程和措施项目中的单价项目,应依据招标文件及其招标工程量清单项目中的特征描述确定综合单价计算。

5)措施项目中的安全文明施工费必须按国家或省级、行业建设主管部门的规定计算,不得作为竞争性费用。

6)规费和税金必须按国家或省级、行业建设主管部门的规定计算,不得作为竞争性费用。

7)投标报价的人、材、机单价应根据市场价格(暂估价除外),自主报价。

8)必须复核工程量清单中的工程量,应以实际工程量(施工量)来计算工程造价,以招标人提供的工程量(清单量)进行报价。

六、工程量清单计价费用计算

工程量清单应采用综合单价计价。

综合单价是指完成一个规定计量单位的分部分项工程和措施清单项目所需的人工费、材料和工程设备费、施工机具使用费和企业管理费、利润及一定范围内的风险费用。

清单项目综合单价 = [$\sum$ (清单项目组价内容工程量 × 相应参考单价)] ÷ 清单项目工程量

其中:清单项目组价内容工程量是指根据清单项目提供的施工过程和施工图设计文件确定的分项工程量。投标人使用的计价依据不同,这些分项工程的项目和数量可能是不同的。

相应参考单价是指与某一计价定额分项工程相对应的参考单价,它等于该分项工程的人工费、材料费、机械费合计加企业管理费、利润并考虑风险因素。人工费、材料费、机械费可以参考各地区所制定的参考价目表或计价定额,也可根据市场情况确定。企业管理费是指应分摊到某一计价定额分项工程中的企业管理费,可以参考建设行政主管部门颁布的费用标准来确定。利润是指某一分项工程应收取的利润,也可以参考住房和城乡建设主管部门颁布的费用标准来确定。

清单项目工程量是指所需报价清单项目的工程量。

一般来说，工程量清单按实体工程分项，消耗量定额按工作内容分项，一个工程实体往往包含若干个工作内容，所以，综合单价组价的列项就是根据国家标准"计算规范"附录表中每一清单项目的工作内容和特征描述的指引，为每个工程量清单项目匹配相应的定额项目，以便正确地计算工程量清单中每一清单分项的综合单价，综合单价组价列项如图4-3所示。

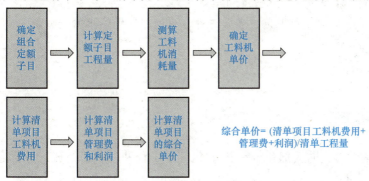

图 4-3　综合单价组价列项

采用工程量清单计价，建设工程造价由分部分项工程费、措施项目费、其他项目费、规费和税金组成。其计算公式如下：

$$分部分项工程费 = \sum 分部分项工程量 \times 分部分项工程综合单价$$

$$措施项目费 = \sum 措施项目工程量 \times 措施项目综合单价 + \sum 单项措施费$$

$$其他项目费 = 暂列金额 + 暂估价 + 计日工 + 总承包服务费$$

$$单位工程造价 = 分部分项工程费 + 措施项目费 + 其他项目费 + 规费 + 税金$$

$$单项工程造价 = \sum 单位工程造价$$

任务二　建筑安装工程费用的计算

费用组成

能力一 费用组成

> **学习目标**

1. 能掌握《建筑安装工程费用项目组成》(建标〔2013〕44号)中关于建筑安装工程费用的组成规定;
2. 能正确列出某建筑物的相关费用;
3. 能培养学生熟悉行业规范、各项法规、政策并熟练运用的能力。

> **知识准备**

一、编制依据

住房城乡建设部、财政部关于印发《建筑安装工程费用项目组成》(建标〔2013〕44号)的通知。

二、建筑安装工程费用构成

(1)按构成要素划分(图4-4)。

建筑安装工程费按照费用构成要素划分:由人工费、材料(包含工程设备,下同)费、施工机具使用费、企业管理费、利润、规费和税金组成。其中人工费、材料费、施工机具使用费、企业管理费和利润包含在分部分项工程费、措施项目费、其他项目费中。

1)人工费:是指按工资总额构成规定,支付给从事建筑安装工程施工的生产工人和附属生产单位工人的各项费用。内容包括:

①计时工资或计件工资:是指按计时工资标准和工作时间或对已做工作按计件单价支付给个人的劳动报酬。

②奖金:是指对超额劳动和增收节支支付给个人的劳动报酬,如节约奖、劳动竞赛奖等。

③津贴补贴:是指为了补偿职工特殊或额外的劳动消耗和因其他特殊原因支付给个人的津贴,以及为了保证职工工资水平不受物价影响支付给个人的物价补贴,如流动施工津贴、特殊地区施工津贴、高温(寒)作业临时津贴、高空津贴等。

④加班加点工资:是指按规定支付的在法定节假日工作的加班工资和在法定日工作时间外延时工作的加点工资。

⑤特殊情况下支付的工资:是指根据国家法律、法规和政策规定,因病、工伤、产假、计划生育假、婚丧假、事假、探亲假、定期休假、停工学习、执行国家或社会义务等原因按计时工资标准或计时工资标准的一定比例支付的工资。

2)材料费:是指施工过程中耗费的原材料、辅助材料、构配件、零件、半成品或成品、工程设备的费用。内容包括:

①材料原价:是指材料、工程设备的出厂价格或商家供应价格。

②运杂费:是指材料、工程设备自来源地运至工地仓库或指定堆放地点所发生的全部费用。

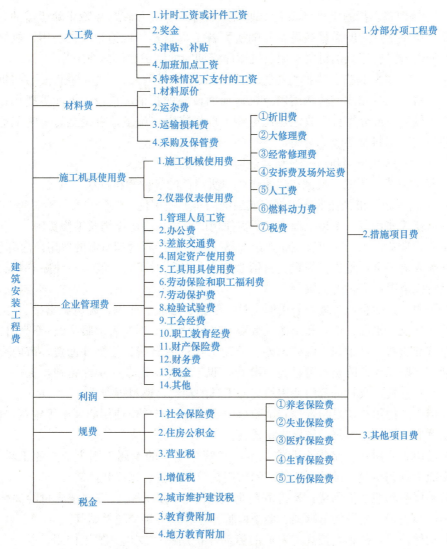

图 4-4　建筑安装工程费用项目组成表
(按费用构成要素划分)

③运输损耗费：是指材料在运输装卸过程中不可避免的损耗。

④采购及保管费：是指为组织采购、供应和保管材料、工程设备的过程中所需要的各项费用，包括采购费、仓储费、工地保管费、仓储损耗。

工程设备是指构成或计划构成永久工程一部分的机电设备、金属结构设备、仪器装置及其他类似的设备和装置。

3) 施工机具使用费：是指施工作业所发生的施工机械、仪器仪表使用费或其租赁费。

①施工机械使用费：以施工机械台班耗用量乘以施工机械台班单价表示，施工机械台班单价应由下列七项费用组成：

a. 折旧费：指施工机械在规定的使用年限内，陆续收回其原值的费用。

b. 大修理费：指施工机械按规定的大修理间隔台班进行必要的大修理，以恢复其正常功能所需的费用。

c. 经常修理费：指施工机械除大修理以外的各级保养和临时故障排除所需的费用。包括为保障机械正常运转所需替换设备与随机配备工具附具的摊销和维护费用，机械运转中日常保养所需润滑与擦拭的材料费用及机械停滞期间的维护和保养费用等。

d. 安拆费及场外运费：安拆费指施工机械（大型机械除外）在现场进行安装与拆卸所需的人工、材料、机械和试运转费用以及机械辅助设施的折旧、搭设、拆除等费用；场外运费指施工机械整体或分体自停放地点运至施工现场或由一施工地点运至另一施工地点的运输、装卸、辅助材料及架线等费用。

e. 人工费：指机上司机（司炉）和其他操作人员的人工费。

f. 燃料动力费：指施工机械在运转作业中所消耗的各种燃料及水、电等。

g. 税费：指施工机械按照国家规定应缴纳的车船使用税、保险费及年检费等。

②仪器仪表使用费：是指工程施工所需使用的仪器仪表的摊销及维修费用。

4）企业管理费：是指建筑安装企业组织施工生产和经营管理所需的费用。内容包括：

①管理人员工资：是指按规定支付给管理人员的计时工资、奖金、津贴补贴、加班加点工资及特殊情况下支付的工资等。

②办公费：是指企业管理办公用的文具、纸张、账表、印刷、邮电、书报、办公软件、现场监控、会议、水电、烧水和集体取暖降温（包括现场临时宿舍取暖降温）等费用。

③差旅交通费：是指职工因公出差、调动工作的差旅费、住勤补助费，市内交通费和误餐补助费，职工探亲路费，劳动力招募费，职工退休、退职一次性路费，工伤人员就医路费，工地转移费以及管理部门使用的交通工具的油料、燃料等费用。

④固定资产使用费：是指管理和试验部门及附属生产单位使用的属于固定资产的房屋、设备、仪器等的折旧、大修、维修或租赁费。

⑤工具用具使用费：是指企业施工生产和管理使用的不属于固定资产的工具、器具、家具、交通工具和检验、试验、测绘、消防用具等的购置、维修和摊销费。

⑥劳动保险和职工福利费：是指由企业支付的职工退职金、按规定支付给离休干部的经费，集体福利费、夏季防暑降温、冬季取暖补贴、上下班交通补贴等。

⑦劳动保护费：是企业按规定发放的劳动保护用品的支出，如工作服、手套、防暑降温饮料以及在有碍身体健康的环境中施工的保健费用等。

⑧检验试验费：是指施工企业按照有关标准规定，对建筑以及材料、构件和建筑安装物进行一般鉴定、检查所发生的费用，包括自设试验室进行试验所耗用的材料等费用。不包括新结构、新材料的试验费，对构件做破坏性试验及其他特殊要求检验试验的费用和建设单位委托检测机构进行检测的费用，对此类检测发生的费用，由建设单位在工程建设其他费用中列支。但对施工企业提供的具有合格证明的材料进行检测不合格的，该检测费用由施工企业支付。

⑨工会经费：是指企业按《中华人民共和国工会法》规定的全部职工工资总额比例计提的工会经费。

⑩职工教育经费：是指按职工工资总额的规定比例计提，企业为职工进行专业技术和职业技能培训，专业技术人员继续教育、职工职业技能鉴定、职业资格认定以及根据需要对职工进行各类文化教育所发生的费用。

⑪财产保险费：是指施工管理用财产、车辆等的保险费用。

⑫财务费：是指企业为施工生产筹集资金或提供预付款担保、履约担保、职工工资支

付担保等所发生的各种费用。

⑬税金：是指企业按规定缴纳的房产税、车船使用税、土地使用税、印花税等。

⑭其他：包括技术转让费、技术开发费、投标费、业务招待费、绿化费、广告费、公证费、法律顾问费、审计费、咨询费、保险费等。

5)利润：是指施工企业完成所承包工程获得的盈利。

6)规费：是指按国家法律、法规规定，由省级政府和省级有关权力部门规定必须缴纳或计取的费用。包括：

①社会保险费。

　a. 养老保险费：是指企业按照规定标准为职工缴纳的基本养老保险费。

　b. 失业保险费：是指企业按照规定标准为职工缴纳的失业保险费。

　c. 医疗保险费：是指企业按照规定标准为职工缴纳的基本医疗保险费。

　d. 生育保险费：是指企业按照规定标准为职工缴纳的生育保险费。

　e. 工伤保险费：是指企业按照规定标准为职工缴纳的工伤保险费。

②住房公积金：是指企业按规定标准为职工缴纳的住房公积金。

③工程排污费：是指按规定缴纳的施工现场工程排污费。

其他应列而未列入的规费，按实际发生计取。

7)税金：是指国家税法规定的应计入建筑安装工程造价内的增值税、城市维护建设税、教育费附加以及地方教育附加。

(2)按造价形成划分(图4-5)。

建筑安装工程费按照工程造价形成由分部分项工程费、措施项目费、其他项目费、规费、税金组成，分部分项工程费、措施项目费、其他项目费包含人工费、材料费、施工机具使用费、企业管理费和利润。

1)分部分项工程费：是指各专业工程的分部分项工程应予列支的各项费用。

①专业工程：是指按现行国家计量规范划分的房屋建筑与装饰工程、仿古建筑工程、通用安装工程、市政工程、园林绿化工程、矿山工程、构筑物工程、城市轨道交通工程、爆破工程等各类工程。

②分部分项工程：指按现行国家计量规范对各专业工程划分的项目。如房屋建筑与装饰工程划分的土石方工程、地基处理与桩基工程、砌筑工程、钢筋及钢筋混凝土工程等。

各类专业工程的分部分项工程划分见现行国家或行业计量规范。

2)措施项目费：是指为完成建设工程施工，发生于该工程施工前和施工过程中的技术、生活、安全、环境保护等方面的费用。内容包括：

①安全文明施工费。

　a. 环境保护费：是指施工现场为达到环保部门要求所需要的各项费用。

　b. 文明施工费：是指施工现场文明施工所需要的各项费用。

　c. 安全施工费：是指施工现场安全施工所需要的各项费用。

　d. 临时设施费：是指施工企业为进行建设工程施工所必须搭设的生活和生产用的临时建筑物、构筑物和其他临时设施费用，包括临时设施的搭设、维修、拆除、清理费或摊销费等。

②夜间施工增加费：是指因夜间施工所发生的夜班补助费、夜间施工降效、夜间施工照明设备摊销及照明用电等费用。

③二次搬运费：是指因施工场地条件限制而发生的材料、构配件、半成品等一次运输

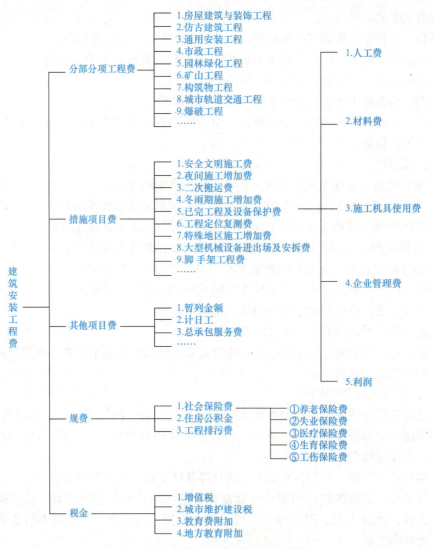

图 4-5　建筑安装工程费用项目组成表
（按造价形成划分）

不能到达堆放地点，必须进行二次或多次搬运所发生的费用。

④冬雨期施工增加费：是指在冬期或雨期施工需增加的临时设施、防滑、排除雨雪、人工及施工机械效率降低等费用。

⑤已完工程及设备保护费：是指竣工验收前，对已完工程及设备采取的必要保护措施所发生的费用。

⑥工程定位复测费：是指工程施工过程中进行全部施工测量放线和复测工作的费用。

⑦特殊地区施工增加费：是指工程在沙漠或其边缘地区、高海拔、高寒、原始森林等特殊地区施工增加的费用。

⑧大型机械设备进出场及安拆费：是指机械整体或分体自停放场地运至施工现场或由一个施工地点运至另一个施工地点，所发生的机械进出场运输及转移费用及机械在施工现场进行安装、拆卸所需的人工费、材料费、机械费、试运转费和安装所需的辅助设施的费用。

⑨脚手架工程费：是指施工需要的各种脚手架搭、拆、运输费用以及脚手架购置费的摊销(或租赁)费用。

措施项目及其包含的内容详见各类专业工程的现行国家或行业计量规范。

3)其他项目费。

①暂列金额：是指建设单位在工程量清单中暂定并包括在工程合同价款中的一笔款项。用于施工合同签订时尚未确定或者不可预见的所需材料、工程设备、服务的采购，施工中可能发生的工程变更、合同约定调整因素出现时的工程价款调整以及发生的索赔、现场签证确认等的费用。

②计日工：是指在施工过程中，施工企业完成建设单位提出的施工图纸以外的零星项目或工作所需的费用。

③总承包服务费：是指总承包人为配合、协调建设单位进行的专业工程发包，对建设单位自行采购的材料、工程设备等进行保管以及施工现场管理、竣工资料汇总整理等服务所需的费用。

4)规费：定义同上。

5)税金：定义同上。

能力二 费用计算

学习目标

1. 能熟练使用《建筑安装工程费用项目组成》文件及营改增相关规定进行费用计算；
2. 能正确区分一般措施项目和单价措施项目的计算方法；
3. 能培养学生熟悉行业规范、各项法规、政策并熟练运用的能力。

知识准备

一、各费用构成要素参考计算方法

(一)人工费

公式1：

$$人工费 = \sum (工日消耗量 \times 日工资单价)$$

$$日工资单价 = \frac{生产工人平均月工资(计时、计件) + 平均月(奖金 + 津贴补贴 + 特殊情况下支付的工资)}{年平均每月法定工作日}$$

注：公式1主要适用施工企业投标报价时自主确定人工费，也是工程造价管理机构编制计价定额确定定额人工单价或发布人工成本信息的参考依据。

公式2：

$$人工费 = \sum (工程工日消耗量 \times 日工资单价)$$

日工资单价是指施工企业平均技术熟练程度的生产工人在每工作日(国家法定工作时间内)按规定从事施工作业应得的日工资总额。

工程造价管理机构确定日工资单价应通过市场调查、根据工程项目的技术要求,参考实物工程量人工单价综合分析确定,最低日工资单价不得低于工程所在地人力资源和社会保障部门所发布的最低工资标准的:普工1.3倍、一般技工2倍、高级技工3倍。

工程计价定额不可只列一个综合工日单价,应根据工程项目技术要求和工种差别适当划分多种日人工单价,确保各分部工程人工费的合理构成。

注:公式2适用工程造价管理机构编制计价定额时确定定额人工费,是施工企业投标报价的参考依据。

(二)材料费

1. 材料费

$$材料费 = \sum(材料消耗量 \times 材料单价)$$

$$材料单价 = [(材料原价 + 运杂费) \times [1 + 运输损耗率(\%)]] \times [1 + 采购保管费费率(\%)]$$

2. 工程设备费

$$工程设备费 = \sum(工程设备量 \times 工程设备单价)$$

$$工程设备单价 = (设备原价 + 运杂费) \times [1 + 采购保管费费率(\%)]$$

(三)施工机具使用费

1. 施工机械使用费

$$施工机械使用费 = \sum(施工机械台班消耗量 \times 机械台班单价)$$

机械台班单价 = 台班折旧费 + 台班大修费 + 台班经常修理费 + 台班安拆费及场外运费 + 台班人工费 + 台班燃料动力费 + 台班车船税费

注:工程造价管理机构在确定计价定额中的施工机械使用费时,应根据《建筑施工机械台班费用计算规则》结合市场调查编制施工机械台班单价。施工企业可以参考工程造价管理机构发布的台班单价,自主确定施工机械使用费的报价,如租赁施工机械,公式:施工机械使用费 = $\sum$(施工机械台班消耗量 × 机械台班租赁单价)。

2. 仪器仪表使用费

$$仪器仪表使用费 = 工程使用的仪器仪表摊销费 + 维修费$$

(四)企业管理费费率

(1)以分部分项工程费为计算基础:

$$企业管理费费率(\%) = \frac{生产工人年平均管理费}{年有效施工天数 \times 人工单价} \times 人工费占分部分项工程费比例(\%)$$

(2)以人工费和机械费合计为计算基础:

$$企业管理费费率(\%) = \frac{生产工人年平均管理费}{年有效施工天数 \times (人工单价 + 每一工日机械使用费)} \times 100\%$$

(3)以人工费为计算基础:

$$企业管理费费率(\%) = \frac{生产工人年平均管理费}{年有效施工天数 \times 人工单价} \times 100\%$$

注:上述公式适用施工企业投标报价时自主确定管理费,是工程造价管理机构编制计价定额确定企业管理费的参考依据。

工程造价管理机构在确定计价定额中企业管理费时,应以定额人工费或(定额人工费 +

定额机械费)作为计算基数,其费率根据历年工程造价积累的资料,辅以调查数据确定,列入分部分项工程和措施项目。

(五)利润

(1)施工企业根据企业自身需求并结合建筑市场实际自主确定,列入报价。

(2)工程造价管理机构在确定计价定额中利润时,应以定额人工费或(定额人工费+定额机械费)作为计算基数,其费率根据历年工程造价积累的资料,并结合建筑市场实际确定,以单位(单项)工程测算,利润在税前建筑安装工程费的比重可按不低于5%且不高于7%的费率计算。利润应列入分部分项工程和措施项目。

(六)规费

1. 社会保险费和住房公积金

社会保险费和住房公积金应以定额人工费为计算基础,根据工程所在地省、自治区、直辖市或行业建设主管部门规定费率计算。

社会保险费和住房公积金 $=\sum$(工程定额人工费×社会保险费和住房公积金费率)

式中:社会保险费和住房公积金费率可以每万元发承包价的生产工人人工费和管理人员工资含量与工程所在地规定的缴纳标准综合分析取定。

2. 工程排污费

工程排污费等其他应列而未列入的规费应按工程所在地环境保护等部门规定的标准缴纳,按实计取列入。

(七)税金

税金计算公式:

$$税金=税前造价×综合税率(\%)$$

综合税率:

(1)纳税地点在市区的企业:

$$综合税率(\%)=\frac{1}{1-3\%-(3\%×7\%)-(3\%×3\%)-(3\%×2\%)}-1$$

(2)纳税地点在县城、镇的企业:

$$综合税率(\%)=\frac{1}{1-3\%-(3\%×5\%)-(3\%×3\%)-(3\%×2\%)}-1$$

(3)纳税地点不在市区、县城、镇的企业:

$$综合税率(\%)=\frac{1}{1-3\%-(3\%×1\%)-(3\%×3\%)-(3\%×2\%)}-1$$

(4)实行营业税改增值税的,按纳税地点现行税率计算。

二、建筑安装工程计价参考公式

(一)分部分项工程费

$$分部分项工程费=\sum(分部分项工程量×综合单价)$$

式中:综合单价包括人工费、材料费、施工机具使用费、企业管理费和利润以及一定范围的风险费用(下同)。

(二)措施项目费

(1)国家计量规范规定应予计量的措施项目,其计算公式为

$$措施项目费 = \sum(措施项目工程量 \times 综合单价)$$

(2)国家计量规范规定不宜计量的措施项目计算方法如下:

1)安全文明施工费:

$$安全文明施工费 = 计算基数 \times 安全文明施工费费率(\%)$$

计算基数应为定额基价(定额分部分项工程费＋定额中可以计量的措施项目费)、定额人工费或(定额人工费＋定额机械费),其费率由工程造价管理机构根据各专业工程的特点综合确定。

2)夜间施工增加费:

$$夜间施工增加费 = 计算基数 \times 夜间施工增加费费率(\%)$$

3)二次搬运费:

$$二次搬运费 = 计算基数 \times 二次搬运费费率(\%)$$

4)冬雨期施工增加费:

$$冬雨期施工增加费 = 计算基数 \times 冬雨期施工增加费费率(\%)$$

5)已完工程及设备保护费:

$$已完工程及设备保护费 = 计算基数 \times 已完工程及设备保护费费率(\%)$$

上述2)~5)项措施项目的计费基数应为定额人工费或(定额人工费＋定额机械费),其费率由工程造价管理机构根据各专业工程特点和调查资料综合分析后确定。

(三)其他项目费

(1)暂列金额由建设单位根据工程特点,按有关计价规定估算,施工过程中由建设单位掌握使用、扣除合同价款调整后如有余额,归建设单位。

(2)计日工由建设单位和施工企业按施工过程中的签证计价。

(3)总承包服务费由建设单位在招标控制价中根据总包服务范围和有关计价规定编制,施工企业投标时自主报价,施工过程中按签约合同价执行。

(四)规费和税金

建设单位和施工企业均应按照省、自治区、直辖市或行业建设主管部门发布标准计算规费和税金,不得作为竞争性费用。

三、相关问题的说明

(1)各专业工程计价定额的编制及其计价程序,均按《建筑安装工程费用项目组成》实施。

(2)各专业工程计价定额的使用周期原则上为5年。

(3)工程造价管理机构在定额使用周期内,应及时发布人工、材料、机械台班价格信息,实行工程造价动态管理,如遇国家法律、法规、规章或相关政策变化以及建筑市场物价波动较大时,应适时调整定额人工费、定额机械费以及定额基价或规费费率,使建筑安装工程费能反映建筑市场实际。

(4)建设单位在编制招标控制价时,应按照各专业工程的计量规范和计价定额以及工程造价信息编制。

(5)施工企业在使用计价定额时除不可竞争费用外,其余仅作参考,由施工企业投标时自主报价。

能力三 计价程序

学习目标

1. 能掌握建筑安装工程费用的计价程序;
2. 能正确计算某建筑物的建筑工程费用;
3. 能培养学生熟悉行业规范、各项法规、政策并熟练运用的能力。

建设单位工程招标控制价计价程序见表4-1。

表4-1 建设单位工程招标控制价计价程序

工程名称: 标段:

序号	内容	计算方法	金额/元
1	分部分项工程费	按计价规定计算	
1.1			
1.2			
1.3			
1.4			
1.5			
2	措施项目费	按计价规定计算	
2.1	其中:安全文明施工费	按规定标准计算	
3	其他项目费		
3.1	其中:暂列金额	按计价规定估算	
3.2	其中:专业工程暂估价	按计价规定估算	
3.3	其中:计日工	按计价规定估算	
3.4	其中:总承包服务费	按计价规定估算	
4	规费	按规定标准计算	
5	税金(扣除不列入计税范围的工程设备金额)	(1+2+3+4)×规定税率	
招标控制价合计=1+2+3+4+5			

施工企业工程投标报价计价程序见表4-2。

表 4-2 施工企业工程投标报价计价程序

工程名称：　　　　　　　　　　　　　　标段：

序号	内容	计算方法	金额/元
1	分部分项工程费	自主报价	
1.1			
1.2			
1.3			
1.4			
1.5			
2	措施项目费	自主报价	
2.1	其中：安全文明施工费	按规定标准计算	
3	其他项目费		
3.1	其中：暂列金额	按招标文件提供金额计列	
3.2	其中：专业工程暂估价	按招标文件提供金额计列	
3.3	其中：计日工	自主报价	
3.4	其中：总承包服务费	自主报价	
4	规费	按规定标准计算	
5	税金(扣除不列入计税范围的工程设备金额)	(1+2+3+4)×规定税率	

投标报价合计＝1＋2＋3＋4＋5

竣工结算计价程序见表 4-3。

表 4-3 竣工结算计价程序

工程名称：　　　　　　　　　　　　　　　　　标段：

序号	汇总内容	计算方法	金额/元
1	分部分项工程费	按合同约定计算	
1.1			
1.2			
1.3			
1.4			
1.5			
2	措施项目	按合同约定计算	
2.1	其中：安全文明施工费	按规定标准计算	
3	其他项目		
3.1	其中：专业工程结算价	按合同约定计算	
3.2	其中：计日工	按计日工签证计算	
3.3	其中：总承包服务费	按合同约定计算	
3.4	索赔与现场签证	按发承包双方确认数额计算	
4	规费	按规定标准计算	
5	税金(扣除不列入计税范围的工程设备金额)	(1+2+3+4)×规定税率	
竣工结算总价合计＝1+2+3+4+5			

任务三　建筑工程定额的认知

能力一　定额的基础认知

学习目标

1. 能掌握定额的概念及其组成；
2. 能了解定额的作用、定额的分类；
3. 能培养学生一丝不苟的学习态度和工作作风。

知识准备

一、定额的认知

定额是指在正常施工条件下，完成一定计量单位的分项工程或结构构件所需人工、材料、机械台班消耗和价值货币表现的数量标准，是计算建筑产品价格的基础。

预算定额的性质如下：

（1）预算定额属于计价定额。预算定额是工程建设中一项重要的技术经济指标，反映了在完成单位分项工程消耗的活劳动和物化劳动的数量限制。这种限度最终决定着单项工程和单位工程的成本和造价。

定额

（2）预算定额是建筑工程定额和安装工程预算定额的总称。预算定额是以建筑物或构筑物各个分部分项工程为对象编制的定额。预算定额是以施工定额为基础综合扩大编制的，同时，也是编制概算定额的基础。

二、定额的作用

（1）定额是国有投资或国有投资为主的建设项目，编制工程量清单、招标控制价、施工图预算、工程竣工结算的依据。

(2)定额是评定投标报价合理性的依据；是调解处理工程造价争议和纠纷、审计和司法鉴定的依据。

(3)定额是编制投资估算指标、概算指标和概算定额的依据。

(4)非国有资金投资的建设工程使用定额时，应遵循定额的规定进行工程计价。

三、定额的分类

定额的分类见表 4-4。

表 4-4　定额的分类

分类依据	类别
生产要素	劳动定额、材料消耗定额、机械台班定额
执行范围	全国统一定额、地区统一定额、部门统一定额、企业定额
费用性质	建筑工程定额、安装工程定额、间接费用定额、其他费用定额
编制用途	投资估算指标、概算指标、概算定额、预算定额、施工定额

四、定额的区别

定额的区别见表 4-5。

表 4-5　定额的区别

定额名称	编制对象	编制用途	项目划分	定额水平	定额性质
施工定额	施工过程(工序)	施工预算	最细	平均先进	生产性定额
预算定额	分部分项工程	施工图预算	细	社会平均	计价性定额
概算定额	扩大的分部分项工程	设计概算	较粗		
概算指标	单位工程	初步设计概算	粗		
投资估算指标	单项工程	投资估算	很粗		

五、定额的组成

定额的组成如图 4-6 所示。

图 4-6 定额的组成

能力二　定额的应用

学习目标

1. 能掌握定额三种应用方式，能正确进行定额换算；
2. 能熟练使用房屋建筑与装饰工程定额、建筑工程费用标准、施工机械台班费用标准、混凝土砂浆配合比标准等计价依据；
3. 能培养学生熟悉行业规范、各项法规、政策并熟练运用的能力。

一、预算定额的应用方法

预算定额的应用方法见表 4-6。

表 4-6　定额的应用方法

直接套用	当分项工程的设计要求与消耗量定额的条件完全相同或虽不完全相同但定额规定不允许换算的项目可直接套用定额
间接套用	当分项工程的设计要求与消耗量定额的条件不完全相同，而定额规定又允许换算的项目
补充定额	分项工程在定额中缺项时，可编制补充定额，但需报当地工程造价管理部门审批和备案（按实估价）

二、应用案例

(一)直接套用

定额直接套用的方法如下：
(1)根据施工图设计的分项工程项目内容，选择定额项目；
(2)当施工图中的分项工程项目内容与定额规定内容完全一致或虽然不一致，定额规定不允许换算时，即可直接套用；

(3)将各分项工程所需内容如定额编号、人工费、材料费、机械费、工料机消耗量、基价等分别填入预算表的相应栏。

【例 4-1】 某工程现浇混凝土矩形柱 150 m², 求矩形柱的工程合价。

【解】 查定额 5-12 综合单价为 3 800.11 元/(10 m²)。

工程合价＝3 800.11×150/10＝57 001.65(元)

(二)消耗量定额的换算

当施工图上分项工程或结构构件的设计要求与基价表中相应项目的工作内容不完全一致时,就不能直接套用定额。当基价表规定允许换算时,则应按基价表规定的换算方法对相应定额项目的基价和工料机消耗量进行调整换算。换算后的定额项目应在定额编号的右下角标注一个"换"字,以示区别。

1. 常见换算类型

(1)砌筑砂浆换算。

(2)抹灰砂浆换算。

(3)构件混凝土换算。

(4)楼地面混凝土换算。

(5)系数换算。

(6)其他换算。

2. 换算原因及公式

(1)砌筑砂浆的换算。

1)换算原因。当设计图纸要求的砌筑砂浆强度等级在预算定额中缺项时,就需要调整砂浆强度等级,求出新的定额基价。

2)换算特点。由于砂浆用量不变,所以人工、机械费不变,因而只换算砂浆强度等级和调整砂浆材料费。

3)砌筑砂浆换算公式:

换算后定额基价＝原定额基价＋定额砂浆用量×(换入砂浆基价－换出砂浆基价)

(2)抹灰砂浆换算。

1)换算原因。当设计图纸要求的抹灰砂浆配合比或抹灰厚度与预算定额的抹灰砂浆配合比或厚度不同时,就要进行抹灰砂浆换算。

2)换算特点。

第一种情况:当抹灰厚度不变只换算配合比时,人工费、机械费不变,只调整材料费。

第二种情况:当抹灰厚度发生时,砂浆用量要改变,因而人工费、机械费不变,因而人工费、材料费、机械费均要换算。

3)换算公式。

第一种情况的换算公式:

换算后定额基价＝原定额基价＋抹灰砂浆定额用量×(换出砂浆基价－换出砂浆基价)

第二种情况换算公式:

换算后定额基价＝原定额基价＋(定额人工费＋定额机械费)×($K-1$)＋$\sum$(各层换入砂浆用量×换入砂浆基价－各层换出砂浆用量×换出砂浆基价)

式中 K——工、机费换算系数,且

$K=$ 设计抹灰砂浆总厚÷定额抹灰砂浆总厚

各层换入砂浆用量＝(定额砂浆用量÷定额砂浆厚度)×设计厚度

各层换出砂浆用量＝定额砂浆用量

(3)构件混凝土换算。

1)换算原因。当设计要求构件采用的混凝土强度等级，在预算定额中没有相符合的项目时，就产生了混凝土强度等级或石子粒径的换算。

2)换算特点。混凝土用量不变，人工费、机械费不变，只换算混凝土强度等级或石子粒径。

3)换算公式。

换算定额基价＝原定额基价＋定额混凝土用量×(换入混凝土基价－换出混凝土基价)

(4)楼地面混凝土换算。

1)换算原因。楼地面混凝土面层的定额单位一般是平方米。因此，当设计厚度与定额厚度不同时，就产生了定额基价的换算。

2)换算特点。同抹灰砂浆的换算特点。

3)换算公式。

换算后定额基价＝原定额基价＋(定额人工费＋定额机械费)×$(K-1)$＋换入混凝土×换入砂浆基价－换出砂浆用量×换出砂浆基价

式中　K——工、机费换算系数

$K=$混凝土设计厚度/混凝土定额厚度 各层换入砂浆用量＝(定额混凝土用量)/(定额混凝土厚度)×设计混凝土厚度

换出混凝土用量＝定额混凝土用量

(5)乘系数换算。乘系数换算是指在使用预算定额项目时，定额的一部分或全部乘以规定的系数。

例如，某地区预算定额规定，砌弧形砖墙时，定额人工乘以 1.10 系数；楼地面垫层用于基础垫层时，定额人工费乘以系数 1.20。

(6)其他换算。其他换算是指不属于上述几种换算情况。

3. 定额换算举例

【例 4-2】　某工程砌筑实心砖 1 砖混水墙，采用 M7.5 的混合砂浆，求砌筑 85 m^3 砖墙的工程合价。

【解】　查定额 4-13 得基价 3 394.62 元/(10 m^3)，干混砌筑砂浆 M10，2.313 m^3/(10 m^3)。

C00130 干混砌筑砂浆 M10　170.69 元/m^3

18-336 混合砂浆 M7.5　169.09 元/m^3

砖墙的综合单价＝3 394.62＋2.313×(169.09－170.69)＝3 390.92[元/(10 m^3)]

砖墙的工程合价＝3 390.92×85/10＝28 822.82(元)

【例 4-3】　某工程现浇独立基础，采用碎石混凝土 C30-40，42.5 级水泥，试确定 50 m^3 独立基础的工程合价。

【解】　查定额 5-5 得综合单价 3 752.60 元/(10 m^3)，预拌混凝土 C30 10.1 m^3/(10 m^3)。

C00064　预拌混凝土 349 元/m^3

18-64　C30-40 碎石混凝土 207.65 元/m^3

混凝土综合单价＝3 752.60+10.1×(207.65－349)＝2 324.97[元/(10 m³)]

独立基础的工程合价＝2 324.97×50/10＝11 624.85(元)

【例4-4】 某工程现浇混凝土矩形柱采用碎石混凝土C30-40，42.5级水泥，试确定65 m³矩形柱的工程合价。

【解】 查定额5-5得综合单价3 800.11元/(10 m³)，预拌混凝土C30 9.797 m³/(10 m³)。

C00064　预拌混凝土349元/m³

18-128　C30-40 碎石混凝土218.29元/m³

混凝土综合单价＝3 800.11+9.797×(218.29－349)＝2 519.54[元/(10 m³)]

独立基础的工程合价＝2 519.54×65/10＝16 377.01(元)

【例4-5】 用自卸汽车运土方运距10 km，试确定320 m³的运费合价。

【解】(1)查定额编号1－140、1－141。

综合单价为运距1 km以内44.29元/(10 m³)，运距每增加1 km为14.33元/(10 m³)。

(2)计算运费合价。

运费合价＝[44.29+(10－1)/1×14.33]×320/10＝5 544.32(元)

【例4-6】 某工程人工挖沟槽土方槽深2 m以内，一、二类土，求挖45 m³湿土的工程合价。

【解】 查定额编号为1-11，综合单价为231.32元/(10 m³)，其中人工费219.05元，挖湿土时按相应定额人工乘以1.18系数。

换算后的综合单价＝231.32+219.05×0.18＝270.75[元/(10 m³)]

工程合价＝270.75×45/10＝1 218.38(元)

【例4-7】 某工程现浇混凝土平板在压型钢板上浇捣混凝土，求浇混凝土50 m³平板的工程合价。

【解】 查定额编号为5-33，综合单价为3 799.46元/(10 m³)，其中人工费195.44元，在压型钢板上浇捣混凝土人工×1.1系数。

换算后的综合单价＝3 799.46+195.44×0.1＝3 819[元/(10 m³)]

工程合价＝3 819×50/10＝19 095(元)

【例4-8】 某工程设计细石混凝土楼地面，厚度为50 mm，求350 m³地面的工程合价。

【解】 查定额编号11-15、11-16。

厚度30 mm综合单价为2 362.43元/100 m²，每增加5 mm综合单价为326.62元/(100 m³)。

换算后定额综合单价＝2 362.43+326.62×(50－30)/5＝3 668.91[元/(100 m³)]

地面的工程合价＝3 668.91×350/100＝12 841.19(元)

【例4-9】 某工程墙面抹1∶2水泥砂浆，厚度为20 mm，求500 m³墙面的工程合价。

【解】 查定额编号12-1。

综合单价为2 201.44元/(100 m²)，干混抹灰砂浆用量M10用量为2.32 m³。

C00966 干混抹灰砂浆190.54(元/m³)

18-279 抹灰砂浆水泥砂浆1∶2 223.06(元/m³)

抹灰的综合单价＝2 201.44+2.32×(223.06－190.54)＝2 276.89[元/(100 m²)]

墙面的工程合价＝2 276.89×500/100＝11 384.45(元)

(三)定额的补充

社会在不断发展，技术在不断进步，新材料、新技术、新工艺的出现可能会导致定额缺项，需要我们补充定额。即设计图纸要求的内容既没有合适的定额子目可以套用，又不能进行换算时，就要补充定额。

定额的补充方法同定额的制定，当然我们也可以借鉴其他地区的定额予以参考，以本地区工料机的预算价格计算而得。

任务四　工程量清单计价的编制

思维导图

能力一　分部分项工程量清单计价

学习目标

1. 能掌握分部分项工程综合单价的计算；
2. 能熟练使用辽宁省《房屋建筑与装饰工程定额》、费用标准等计价依据；
3. 能培养学生一丝不苟的学习态度和工作作风。

知识准备

一、分部分项工程量清单计价

分部分项工程量清单计价是按综合单价计价。其最重要的依据是该清单项目的特征描述，投标人在投标报价时应依据招标工程量清单项目的特征描述确定清单项目的综合单价。

二、综合单价计算

$$分部分项工程费 = \sum(分部分项工程量 \times 综合单价)$$

式中：综合单价包括人工费、材料费、施工机具使用费、企业管理费和利润以及一定范围的风险费用（下同）。

【例 4-10】 已知平整场地工程量清单,具体内容见表 4-7。试确定此清单项目的投标报价综合单价。

表 4-7 分部分项工程和单价措施项目清单与计价表

序号	项目编码	项目名称	项目特征描述	计量单位	工程量	金额/元		
						综合单价	合价	其中 暂估价
1	010101001001	平整场地	1. 土壤类别:三类土 2. 弃土运距:20 m 以内	m²	195.93			

【解】 根据表 4-7 对清单项目特征的描述并结合施工方案,该项目是采用机械平整,按挖填平衡的原则进行场地平整,因此不涉及土方运输。对照图纸,人工平整场地对应某省建筑工程计价定子目是 1-104,其计量单位为 100 m²。

(1)施工工程量计算。对应建筑工程计价定额中平整场地项目的工程量计算规则:按设计图示尺寸,以建筑物首层建筑面积计算。建筑物地下室结构外边线凸出首层结构外边线时,其凸出部分的建筑面积合并计算。本工程无地下室,工程量同清单工程量。

$$S = 195.93 \text{ m}^2$$

(2)综合单价计算。由某省计价定额表 1-104 的平整场地可得,每 100 m² 人工费为 5.10 元,机械费为 51.47 元,无材料费,故定额基价为 56.57 元。

则本项目中人工费为

$$5.1 \times 195.93/100 = 9.99(元)$$

机械费为

$$51.47 \times 195.93/100 = 100.85(元)$$

人工费与机械费合计为 9.99+100.85=110.84(元)。

又参考某省清单计价费用定额,投标报价企业管理费、利润的计费基数均为人工费与机械之和,费率分别为 8.5% 和 7.5%,其中土石方工程为人工费与机械费之和的 35%。

故本项目中企业管理费为 110.84×8.5%×35%=3.3(元)

利润为 110.84×7.5%×35%=2.91(元)

平整场地的综合单价为 (110.84+3.3+2.91)/195.93=0.597(元/m²)

合价为 0.597×195.93=116.97(元)

平整场地清单项目综合单价计算表见表 4-8。

表 4-8 综合单价分析表

项目编码	010101001001	项目名称	平整场地	计量单位	m²	工程量	195.93
清单综合单价组成明细							

定额编号	定额项目名称	定额单位	数量	单价				合价			
				人工费	材料费	机械费	管理费和利润	人工费	材料费	机械费	管理费和利润
1-104	机械平整场地	100 m²	1.959 3	5.1		51.47		9.99		100.85	6.21
人工单价			小计								
合计工日: 元/工日			未计价材料费					0			

续表

项目编码	010101001001	项目名称	平整场地	计量单位	m²	工程量	195.93
清单项目综合单价							0.597

材料费明细	主要材料名称、规格、型号	单位	数量	单价/元	合价/元	暂估单价/元	暂估合价/元
	材料费小计			—	0	—	0

【例 4-11】 已知框架梁工程量清单，具体内容见表 4-9。试确定此清单项目的投标报价综合单价。

表 4-9 分部分项工程和单价措施项目清单与计价表

序号	项目编码	项目名称	项目特征描述	计量单位	工程量	综合单价	合价	其中 暂估价
1	010503002001	矩形梁	1. 混凝土种类：预拌混凝土 2. 混凝土强度等级：C30	m³	4.1			

【解】 根据表 4-6 对清单项目特征的描述并结合工程图纸，该项目混凝土强度等级为 C30，不需要进行材料替换。对照图纸，矩形梁对应某省建筑工程计价定额子目是 5-18，其计量单位为 10 m³。

(1) 施工工程量计算。对应建筑工程计价定额中矩形梁项目的工程量计算规则：按设计图示尺寸以体积计算，伸入砖墙内的梁头、梁垫并入梁体积，工程量同清单工程量。

$$V = 4.1 \text{ m}^3$$

(2) 综合单价计算。由某省计价定额表 5-18 的平整场地可得，每 10 m³ 人工费为 198.43 元，材料费为 3 550.25 元，无机械费，故定额基价为 3 748.68 元。

则本项目中人工费为

$$198.43 \times 4.1 = 813.56 (元)$$

材料费为

$$3\,550.25 \times 4.1 = 14\,556.03 (元)$$

又参考某省清单计价费用定额，投标报价企业管理费、利润的计费基数均为人工费与机械之和，费率分别为 8.5% 和 7.5%。

故本项目中企业管理费为 $813.56 \times 8.5\% = 69.15$(元)

利润为 $813.56 \times 7.5\% = 61.02$(元)

矩形梁的综合单价为 $(813.56 + 14\,556.03 + 69.15 + 61.02)/4.1 = 3\,780.43$(元/m²)

合价为 $3\,780.43 \times 4.1 = 15\,499.76$(元)

矩形梁清单项目综合单价计算表见表 4-10。

表 4-10　综合单价分析表

项目编码	010503002001	项目名称		矩形梁	计量单位		m³	工程量		4.1
清单综合单价组成明细											

定额编号	定额项目名称	定额单位	数量	单价			合价		
				人工费	材料费	机械费	管理费和利润	人工费	材料费	机械费	管理费和利润
5-18	矩形梁	10 m³	0.41	198.43	3 550.25			813.56	14 556.03		130.17
人工单价 ||	小计								
合计工日：	元/工日		未计价材料费								
清单项目综合单价							3 780.43				

材料费明细	主要材料名称、规格、型号	单位	数量	单价/元	合价/元	暂估单价/元	暂估合价/元
	预拌混凝土	m³	10.1	349	3 524.9		
	塑料薄膜	m²	29.75	0.34	10.12		
	水	m³	3.09	3.85	11.9		
	电	kW·h	3.75	0.89	3.34		
	材料费小计			—	3 550.25	—	

【例 4-12】 已知首层铝合金平开窗工程量清单，具体内容见表 4-11。试确定此清单项目的投标报价综合单价，暂定窗材料价格为 1 000 元/m²，某省定额里窗的含量为 94.59 m²/(100 m²)。

表 4-11　分部分项工程和单价措施项目清单与计价表

序号	项目编码	项目名称	项目特征描述	计量单位	工程量	金额/元		
						综合单价	合价	其中暂估价
1	010807001001	金属(塑钢、断桥)窗	1. 窗代号：C2120、C2120A、C1220 2. 材质：铝合金平开窗	m³	57			

【解】 根据表 4-11 对清单项目特征的描述并结合工程图纸，铝合金平开窗对应某省建筑工程计价定额子目是 8-68，其计量单位为 100 m²。

(1)施工工程量计算。对应建筑工程计价定额中金属窗项目的工程量计算规则为：铝合金门窗(飘窗、阳台封闭除外)、塑钢门窗均按设计图示门、窗洞口面积计算，工程量同清单工程量。

$$S = 57 \text{ m}^2$$

(2)综合单价计算。由某省计价定额表 8-68 的平整场地可得，每 100 m² 人工费为 2 849.73 元，材料费为 6 949.88 元(不包含窗材料费)，无机械费，故定额基价为

9 799.61元。

则本项目中人工费为
$$2\ 849.73\times57/100=1\ 624.35(元)$$

材料费为
$$(6\ 949.88+1\ 000\times94.59)\times57/100=57\ 877.73(元)$$

又参考某省清单计价费用定额,投标报价企业管理费、利润的计费基数均为人工费与机械之和,费率分别为 8.5% 和 7.5%。

故本项目中企业管理费为 $1\ 624.35\times8.5\%=138.07(元)$

利润为 $1\ 624.35\times7.5\%=121.83(元)$

铝合金平开窗的综合单价为 $(1\ 624.35+57\ 877.73+138.07+121.83)/57=1\ 048.46(元/m^2)$

合价为 $1\ 048.46\times57=59\ 762.22(元)$

矩形梁清单项目综合单价计算表见表 4-12。

表 4-12 综合单价分析表

项目编码	010807001001		项目名称	金属(塑钢、断桥)窗		计量单位	m²	工程量	57

清单综合单价组成明细									
定额编号	定额项目名称	定额单位	数量	单价			合价		
				人工费	材料费	机械费	管理费和利润	人工费	材料费	机械费	管理费和利润
8-68	隔热断桥铝合金平开窗	100 m²	0.57	2 849.73	101 539.88			1 624.35	57 877.73		259.9
人工单价				小计						
合计工日: 元/工日				未计价材料费					0		
清单项目综合单价									1 048.46		

	主要材料名称、规格、型号	单位	数量	单价/元	合价/元	暂估单价/元	暂估合价/元
材料费明细	铝合金隔热断桥平开窗(含中空玻璃)	m²	94.59	100 000	94 590		
	铝合金门窗配件固定连接铁件(地脚) 3 mm×30 mm×30 mm	个	714.555	0.5	357.28		
	聚氨酯发泡密封胶(750 mL/支)	支	151.372	18.64	2 821.57		
	硅酮耐候密封胶	kg	102.242	33.22	3 396.48		
	镀锌自攻螺钉 ST5×16	个	742.854	0.04	29.71		
	塑料膨胀螺栓	套	721.630	0.45	324.73		
	电	kW·h	7.000	0.89	6.23		
	其他材料费	元	13.87	1	13.87		
	材料费小计			—	101 539.88	—	0

能力二 措施项目清单计价

学习目标

1. 能正确计算技术措施项目费、一般措施项目费、其他措施项目费用；
2. 能熟练使用辽宁省《房屋建筑与装饰工程定额》、费用标准等计价依据；
3. 能培养学生一丝不苟的学习态度和工作作风。

知识准备

一、措施项目费

措施项目费是指为完成建设工程施工，发生于该工程施工前和施工过程中的技术、生活、安全、环境保护等方面的费用。内容包括技术措施项目费、一般措施项目费、其他措施项目费。

二、费用计算

(一)技术措施项目费

技术措施项目费用计算同分部分项工程，都是采用综合单价计算。其中包括脚手架费，混凝土、钢筋混凝土模板及支架费，垂直运输费，大型机械进出场及安拆费，施工排水降水费，超高施工增加等。

技术措施项目费应根据本企业制定的施工方案或施工组织设计，并结合本企业的技术装备水平、以往的工程经验和企业内部的措施项目定额来准确报价，没有企业定额的也可参考建设行政主管部门颁发的计价定额及参考价目表来报价。措施项目清单中的混凝土及钢筋混凝土模板与支架、脚手架、重要施工技术措施项目费用(如降水、地基加固等)的报价，应与"施工组织设计"相符，并在投标报价中列出详细报价明细表；如该措施项目报价与施工组织设计明显不符，经评标委员会评审后，做废标处理。

技术措施项目综合单价的计算方法与分部分项工程项目基本相同。

技术措施项目，其计算公式为

$$措施项目费 = \sum (措施项目工程量 \times 综合单价)$$

(二)一般措施项目费

一般措施项目费用是以一定的取费基数乘以相应的费率计算。

(1)安全施工费：以建筑安装工程不含本项费用的税前造价为取费基数。房屋建筑工程为 2.27%；市政公用工程、机电安装工程为 1.71%。

(2)文明施工和环境保护费，按表 4-13 所示取费基数和费率计算。

表 4-13　文明施工和环境保护费取费基数和费率

专业	取费基数	费率
《房屋建筑与装饰工程定额》第 1 章、第 16 章	人工费与机械费之和的 35%	0.65%
《房屋建筑与装饰工程定额》第 2～15 章、第 17 章	人工费与机械费之和	

(3)雨期施工费：雨期施工费工程量为全部工程量，按表 4-14 所示取费基数和费率计算。

表 4-14　雨季施工费取费基数和费率

专业	取费基数	费率
《房屋建筑与装饰工程定额》第 1 章、第 16 章	人工费与机械费之和的 35%	0.65%
《房屋建筑与装饰工程定额》第 2～15 章、第 17 章	人工费与机械费之和	

(三)其他措施项目

(1)夜间施工增加费和白天施工需要照明费按表 4-15 计算。

表 4-15　夜间施工增加费和白天施工需要照明费　　　　　元/工日

项目	合计	夜餐补助费	工效降低和照明设施折旧费
夜间施工	32	10	22
白天施工需要照明	22	—	22

(2)二次搬运费，按批准的施工组织设计或签证计算。

(3)冬期施工费。冬期施工工程量，为达到冬季标准(气候学上，平均气温连续 5 天低于 5 ℃)所发生的工程量，按表 4-16 所示取费基数和费率计算。

表 4-16　冬期施工费取费基数和费率

专业	取费基数	费率
《房屋建筑与装饰工程定额》第 1 章、第 16 章	人工费与机械费之和的 35%	3.65%
《房屋建筑与装饰工程定额》第 2～15 章、第 17 章	人工费与机械费之和	

(4)已完工程及设备保护费，按批准的施工组织设计或签证计算。

(5)市政工程施工干扰费(仅对符合发生市政工程干扰情形的工程项目或项目的一部分，方可计取该项费用)。

沈阳、大连两市城市市政界限内的工程项目按人工费与机械费之和的 4% 计算；其他地区按人工费与机械费之和的 2% 计算。

【例 4-13】　计算 1#生产车间一般措施项目费用中环境保护和文明施工费、雨期施工费。

【解】 一般措施项目费用(不含安全施工措施费)中环境保护和文明施工费、雨期施工费组成见表4-17。

表4-17 一般措施项目费用计算表

2	一般措施项目费(不含安全施工措施费)	计算方法
2.1	环境保护和文明施工费	1.1×费率
2.2	雨期施工费	1.1×费率

【例4-14】 计算1#生产车间其他措施项目费。

【解】 其他措施项目费组成见表4-18。

表4-18 其他措施费用计算表

3	其他措施项目费	计算方法
3.1	夜间施工增加费	按规定计算
3.2	二次搬运费	按批准的施工组织设计或签证计算
3.3	冬期施工费	1.1×费率
3.4	已完工程及设备保护费	按批准的施工组织设计或签证计算
3.5	市政工程干扰费	1.1×费率
3.6	其他	

能力三 其他项目清单计价

学习目标

1. 能正确计算措施项目相关费用；
2. 能熟练使用"计价规范"和辽宁省《房屋建筑与装饰工程定额》、费用标准等计价依据；
3. 能培养学生一丝不苟的学习态度和工作作风。

知识准备

一、其他项目费的概念

其他项目费用包括暂列金额、暂估价、计日工、总承包服务费等的总和。

二、其他项目费的计算

1. 暂列金额
投标人按招标文件列出的金额计入投标报价。

2. 暂估价
暂估价中的材料、工程设备暂估价应根据工程造价信息或参照市场价格估算；专业工程暂估价应分不同专业，按有关计价规定估算。

3. 计日工
投标人应根据招标文件提供的项目名称、计量单位和暂估数量填写人工及材料单价，完成投标报价计算。

4. 总承包服务费
投标人应根据招标文件提供的服务项目及其内容填写总承包服务费总价，完成投标报价计算。

5. 其他规定
上述未列的项目出现时，工程量清单编制人可根据工程实际情况补充。

能力四　规费、税金项目清单计价

学习目标

1. 能正确计算规费、税金；
2. 能熟练使用"计价规范"和辽宁省《房屋建筑与装饰工程定额》、费用标准等计价依据；
3. 能培养学生一丝不苟的学习态度和工作作风。

知识准备

一、规费、税金项目清单计价

建设单位和施工企业均应按照省、自治区、直辖市或行业建设主管部门发布标准计算规费和税金，不得作为竞争性费用。

二、费用计算

（一）规费

本费用标准中的规费，为最低费率，投标人在投标报价时，可根据企业自身情况进行上浮，但不得高于当地人社部门的规定。费率详见表4-19。

表 4-19 规费取费基数和费率

专业	取费基数	费率
《房屋建筑与装饰工程定额》第1章、第16章	人工费与机械费之和的 35%	1.8%
《房屋建筑与装饰工程定额》第2～15章、第17章	人工费与机械费之和	

(二)税金

按《中华人民共和国税法》、财政部和国家税务总局《关于全面推开营业税改征增值税试点的通知》(财税〔2016〕36号)相关规定执行。

【例 4-14】 根据图纸对 1♯生产车间的规费进行计算，见表 4-20。

表 4-20 规费费用计算组成表

序号	规费	计算方法
1	社会保障费	×费率
2	住房公积金	×费率
3	工程排污费	按工程所在地规定计算
4	其他	

理论考核

一、单项选择题

1. 根据我国现行建筑安装工程费用项目构成的规定，下列费用中属于安全文明施工费的(　　)。
   A. 夜间施工时，临时可移动照明灯具的设置、拆除费用
   B. 工人的安全防护用品的购置费用
   C. 地下室施工时采用的照明设施拆除费
   D. 建筑物的临时保护设施费
2. 根据《建筑安装工程费用项目组成》(建标〔2013〕44号)文件的规定，对构件和构件安装物进行一般鉴定和检查所发生的费用列入(　　)。
   A. 材料费　　　　B. 措施费　　　　C. 研究试验费　　　　D. 企业管理费
3. 根据"计算规范"中的规定，措施项目费用的(　　)可以作为竞争性费用。
   A. 临时设施费　　　　　　　　B. 文明施工费
   C. 钢筋混凝土模板支架费　　　D. 安全施工费

4. 关于计日工费用的确认和支付，下列说法正确的是(　　)。
   A. 承包人应按照确认的计日工现场签证报告提出计日工项目的数量
   B. 发包人应根据已标价工程量清单中的工程数量和计日工单价确定
   C. 已标价工程量清单中没有计日工单价的，由发包人确定价格
   D. 已标价工程量清单中没有计日工单价的，由承包人确定价格
5. 关于建筑安装工程费用中的规费说法，下列错误的是(　　)。
   A. 规费是指由省级政府和省级有关权力部门规定必须缴纳或计取的费用
   B. 规费包括工程排污费、住房公积金和社会保险费
   C. 社会保险费中包括财产保险
   D. 投标人在投标报价时填写的规费不可高于规定的标准

二、多项选择题

1. 根据现行《建筑安装工程费用项目组成》的规定，下列费用项目中，属于建筑安装工程企业管理费的有(　　)。
   A. 仪器仪表使用费　　　　　　B. 工具用具使用费
   C. 建筑安装工程一切险　　　　D. 地方教育附加费
   E. 劳动保险费
2. 下列有关安全文明施工费的说法中，正确的有(　　)。
   A. 安全文明施工费包括临时设施费
   B. 现场生活用洁净燃料费属于环境保护费
   C. "三宝""四口""五临边"等防护费用属于安全施工费
   D. 消防设施与消防器材的配置费用属于文明施工费
   E. 施工现场搭设的临时文化福利用房的费用属于文明施工费
3. 关于措施费中超高施工增加费的说法，下列正确的有(　　)。
   A. 单层建筑檐口高度超过30 m时计费
   B. 多层建筑超过6层时计算
   C. 包括建筑超高引起的人工工效降低费
   D. 不包括通信联络设备的使用费
   E. 按建筑物超高部分建筑面积以"m^2"为单位计算
4. 为了便于措施项目费的确定和调整，通常采用分部分项工程量清单方式编制的措施项目有(　　)。
   A. 脚手架工程　　　　　　　　B. 垂直运输工程
   C. 二次搬运工程　　　　　　　D. 已完工程及设备保护
   E. 施工排水降水

技能训练

某钢筋混凝土多层框架结构建筑物，层高4.2 m，其中间层框架梁结构如图4-7所示。框架柱截面尺寸为500 mm×500 mm，框架梁截面尺寸如图4-7所示，框架梁采用C30预拌混凝土浇筑。

问题：

1. 依据《房屋建筑与装饰工程定额》的规定，计算 KL4 框架梁的混凝土、模板、脚手架的工程量。

2. 根据表 4-21 混凝土梁定额消耗量、表 4-22 各种资源市场价格、管理费及利润标准（管理费按人工费与机械费之和的 8.5% 计取，利润费按人工费与机械费之和的 7.5% 计取），编制 KL4 框架梁的工程量清单综合单价分析表（项目编码为 010503002001）。

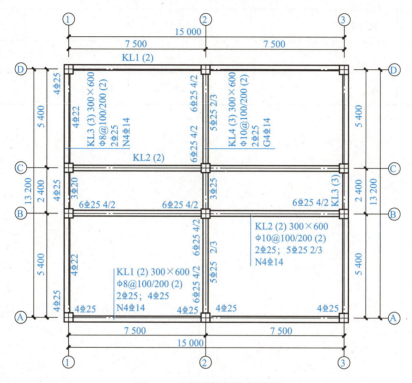

图 4-7 中间层框架梁结构图

上述问题中提及的各项费用均不包含增值税可抵扣进项税额。

表 4-21 混凝土梁定额消耗量

计量单位：10 m³

定额编号			5-18
项目		单位	矩形梁
人工	合计工日	工日	2.111
材料	预拌混凝土 C30	m³	10.100
	塑料薄膜	m²	29.750
	水	m³	3.090
	电	kW·h	3.750

197

表 4-22　各种资源市场价格表

序号	资源名称	单位	价格/元	备注
1	综合工日	工日	100.00	
2	预拌混凝土 C30	m^3	350.00	
3	塑料薄膜	m^2	0.34	
4	水	m^3	3.85	
5	电	kW·h	0.89	

项目五　工程价款结算

思维导图

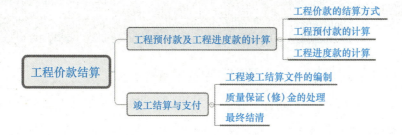

任务一　工程预付款及工程进度款的计算

学习目标

1. 能掌握工程价款结算的方式；
2. 能掌握预付款的数额和拨付时间；
3. 能正确计算工程预付款及起扣点；
4. 能正确计算工程进度款；
5. 能培养学生探究学习、分析问题、解决工程实际问题的能力。

知识准备

一、工程价款结算方式

1. 概念

建设工程价款结算（以下简称"工程价款结算"），是指对建设工程的发承包合同价款进行约定和依据合同约定进行工程预付款、工程进度款、工程竣工价款结算的活动，如图 5-1 所示。

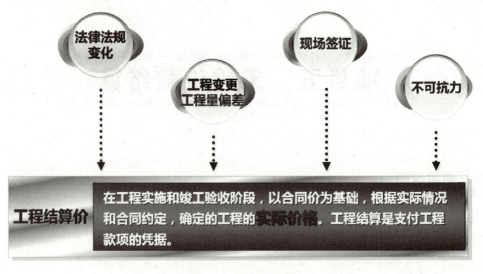

图 5-1　工程价款结算

2. 结算方式

（1）按月结算。
（2）分段结算。
（3）竣工后一次结算。
（4）双方约定的其他结算方式。

二、工程预付款的计算

预付款用于承包人为合同工程施工购置材料、工程设备，购置或租赁施工设备、修建临时设施及组织施工队伍进场等所需的款项。

（一）工程预付款的支付

1. 支付数额

（1）百分比法。包工包料工程的预付款按合同约定拨付，原则上预付比例不低于合同金额的10%，不高于合同金额的30%，对重大工程项目，按年度工程计划逐年预付。

（2）公式计算法。

$$工程预付款数额 = \frac{年度工程总价 \times 材料比例(\%)}{年度施工天数} \times 材料储备定额天数$$

式中，年度施工天数按365天日历天计算；材料储备定额天数由当地材料供应的在途天数、加工天数、整理天数、供应间隔天数、保险天数等因素决定。

2. 支付时间

承包人应在签订合同或向发包人提供与预付款等额的预付款保函（如有）后向发包人提交预付款支付申请。发包人应在收到支付申请的7天内进行核实后向承包人发出预付款支付证书，并在签发支付证书后的7天内向承包人支付预付款。

(二)预付款的扣回

发包人支付给承包人的工程预付款属于预支性质,随着工程的逐步实施后,原已支付的预付款应以充抵工程价款的方式陆续扣回,预付款应从每个支付期应支付给承包人的工程进度款中扣回,直到扣回的金额达到合同约定的预付款金额为止。

1. 起扣点的计算

起扣点的计算公式如下:

$$T = P - M/N$$

式中　T——起扣点,即工程预付备料款开始扣回时的累计已完成工程价值;
　　　M——工程预付款数额;
　　　N——主要材料及构件所占比重;
　　　P——承包工程合同总额。

【例 5-1】 合同总价为 84 万元,预付款为 25%,每月从工程款中抵扣,主要材料及配件费比重按 60% 算,试计算起扣点。

【解】 预付款起扣点＝合同总价－ 预付款 ÷ 主要材料及配件费比重
　　　　　　　　　＝84－ 84×25% ÷ 60% ＝49(万元)

2. 应扣预付款数额

工程进度达到起扣点时,应自起扣点开始,在每次结算的工程价款中抵扣预付款,抵扣的数量为本期工程价款数额和材料比的乘积。一般情况下,预付款的起扣点与工程价款结算间隔点不一定重合,因此,第一次扣还预付款数额计算式与其后各次预付款扣还数额计算式若有不同。具体计算方法如下:

第一次扣还预付款数额＝(累计完成建筑安装工程费－起扣点金额)×主材比重
第二次及其以后各次扣还预付款数额＝本期完成的建筑安装工程费用×主材比重

三、工程进度款的计算

1. 工程进度款的支付比例

根据确定的工程计量结果,承包人向发包人提出支付工程进度款申请,14 天内,发包人应按不低于工程价款的 60%,不高于工程价款的 90%向承包人支付工程进度款。按约定时间发包人应扣回的预付款,与工程进度款同期结算抵扣。

进度款支付周期应与合同约定的工程计量周期一致。

2. 支付文件

(1)进度款支付申请。承包人应在每个计量周期到期后的 7 天内向发包人提交已完工程进度款支付申请一式四份,详细说明此周期自己认为有权得到的款额,包括分包人已完工程的价款。支付申请的内容见表 5-1。

表 5-1 进度款支付申请

	内容
支付申请	累计已完成工程的工程价款
	累计已实际支付的工程价款
	本期间完成的工程价款
	本期间已完成的计日工价款
	应支付的调整工程价款
	本期间应扣回的预付款
	本期间应支付的安全文明施工费
	本期间应支付的总承包服务费
	本期间应扣留的质量保证金
	本期间应支付的、应扣除的索赔金额
	本期间应支付或扣留(扣回)的其他款项
	本期间实际应支付的工程价款

(2)进度款支付证书。发包人应在收到承包人进度款支付申请后,根据计量结果和合同约定对申请内容予以核实,确认后向承包人出具进度款支付证书。

(3)支付证书修正。发现已签发的任何支付证书有错、漏或重复的数额,发包人有权予以修正,承包人也有权提出修正申请。

3. 工程进度款的计算

案例解析

【例 5-2】 甲施工单位与乙建设单位签订了 1 320 万元的某工程项目施工发承包合同。有关工程价款的合同约定内容如下:

(1)工程预付款为合同价格的 20%。工程施工期间,工程预付款从未施工工程还需的建筑材料及设备费相当于工程预付款数额时起扣,从每次结算工程价款中按材料和设备占已完工程价款的比重(60%)抵扣工程预付款,竣工前全部扣清。

(2)工程进度款逐月计算与支付。施工期间各月施工单位实际完成工程价款(按签约合同价统计,不包括调整部分),见表 5-2。

表 5-2 各月实际完成工程价款　　　　　　　　　　　　　　　万元

月份	2	3	4	5	6	合计
完成产值	110	220	330	440	220	1 320

(3)工程质量保证金为竣工结算总造价的3%,竣工结算时一次性扣回。

(4)按当地工程造价主管部门颁布的该工程施工年度工程价款结算文件的政策规定,该工程生产要素价格及其相关费用增加78万元(在竣工结算时一次性调整)。

问题:

(1)工程竣工结算的前提是什么?工程价款结算的方式有哪几种?

(2)该工程的工程预付款、起扣点为多少?

(3)该工程2月至5月每月支付工程款为多少?累计支付工程款为多少?

(4)6月办理工程竣工结算,该工程竣工结算总造价为多少?工程质量保证金为多少?竣工结算时,乙方应支付甲方的竣工结算款为多少?

解析:

主要考核知识点:工程价款结算的前提与方式,工程预付款及其起扣点,按月结算,工程进度款,工程质量保证金、竣工结算总造价、竣工结算款等计算。

知识要点提示:

工程价款结算有多种方式,本案例涉及的是按月结算方式;根据合同约定,采取理论计算法来计算工程预付款额度及其起扣点;工程质量保证金、竣工结算总造价、工程竣工结算款等计算方法。

答案:

问题1:

(1)工程竣工结算的前提条件是乙方按照合同规定的内容全部完成所承包的工程,并符合合同约定,工程质量达到相关要求,并通过质量验收。

(2)工程价款的结算方式主要分为按月结算、按形象进度分段结算、竣工后一次结算和双方约定的其他结算方式。

问题2:

(1)工程预付款:$1\,320 \times 20\% = 264$(万元)

(2)起扣点:$1\,320 - 264 \div 60\% = 880$(万元)

问题3:

各月支付及累计支付工程款:

2月:本月支付工程款110万元,累计支付工程款110万元。

3月:本月支付工程款220万元,累计支付工程款$=110+220=330$(万元)。

4月:本月支付工程款330万元,累计支付工程款$=330+330=660$(万元)。

5月:本月支付工程款$440-(440+660-880)\times 60\%=308$(万元)。

累计支付工程款$=660+308=968$(万元)。

问题4:

(1)工程竣工结算总造价:$1\,320+78=1\,398$(万元)。

(2)工程质量保证金:$1\,398 \times 3\% = 41.94$(万元)。

(3)应支付竣工结算款:$1\,398-41.94-264-968=124.06$(万元)。

任务二　竣工结算与支付

学习目标

1. 能掌握工程价款结算的方式；
2. 能掌握预付款的数额和拨付时间；
3. 能正确计算工程预付款及起扣点；
4. 能正确计算工程进度款；
5. 能培养学生探究学习、分析问题、解决工程实际问题的能力。

一、工程竣工决算文件的编制

工程竣工结算是指施工企业按照合同规定的内容全部完成所承包的工程，经验收质量合格，并符合合同要求之后，向发包单位进行的最终工程款结算。工程竣工后，发承包双方应及时办清工程竣工结算，否则，工程不得交付使用，有关部门不予办理权属登记。

(一)工程竣工结算方式

工程竣工结算可分为单位工程竣工结算、单项工程竣工结算和建设项目竣工总结算。

(二)工程竣工决算文件的编制

在采用工程量清单计价的方式下，工程竣工结算的编制应当遵循下列计价原则：

(1)分部分项工程和措施项目中的单价项目，应依据双方确认的工程量与已标价工程量清单的综合单价计算；如发生调整的，以发承包双方确认调整的综合单价计算。

(2)措施项目中的总价项目应依据合同约定的项目和金额计算；如发生调整的，以发承包双方确认调整的金额计算，其中安全文明施工费必须按照国家或省级、行业建设主管部门的规定计算。

(3)其他项目应按下列规定计算：

1)计日工应按发包人实际签证确认的事项计算；

2)暂估价应按照"计价规范"的相关规定计算；

3)总承包服务费应依据合同约定的金额计算，发承包双方依据合同约定对总承包服务费进行了调整，应按调整后的金额计算；

4)施工索赔费用应依据发承包双方确认的索赔事项和金额计算；

5)现场签证费用应依据发承包双方签证资料确认的金额计算；

6)暂列金额应减去工程价款调整(包括索赔、现场签证)金额计算，如有余额归发包人。

(4)规费和税金应按照国家或省级、行业建设主管部门的规定计算。规费中的工程排污费应按工程所在地环境保护部门规定标准交纳后按实列入。

(5)其他原则。采用总价合同的，应在总价合同基础上，对合同约定能调整的内容及超过合同约定范围的风险因素进行调整；采用单价合同的，在合同约定风险范围内的综合单价应固定不变，并应按合同约定进行计量，且应按实际完成的工程量进行计量。此外，发承包双方在合同工程实施过程中已经确认的工程计量结果和合同价款,在竣工结算办理中应直接进入结算。

(三)竣工结算款的支付

(1)承包人提交竣工结算款支付申请,该申请包括的内容见表 5-3。

表 5-3 竣工结算款支付申请

	内容
竣工结算支付申请	竣工结算合同价款总额
	累计已实际支付的合同价款
	应扣留的质量保证金(已缴纳履约保证金的或者提供其他工程质量担保方式的除外)
	实际应支付的竣工结算款金额

(2)发包人签发竣工结算支付证书。发包人应在收到承包人提交竣工结算款支付申请后7天内予以核实,向承包人签发竣工结算支付证书。

(3)支付竣工结算款。发包人签发竣工结算支付证书后的 14 天内,按照竣工结算支付证书列明的金额向承包人支付结算款。

二、质量保证(修)金的处理

1. 概念

工程质量保证金是指发包人与承包人在建设工程承包合同中约定,从应付的工程款中预留,用于保证承包人在缺陷责任期内,对建设工程出现的缺陷进行维修的资金。

2. 数额

发包人根据确认的竣工结算报告向承包人支付工程竣工结算价款,保留5%左右的质量保证(修)金,待工程交付使用一年质保期到期后清算(合同另有约定的,从其约定),质保期内如有返修,发生费用应在质量保证(修)金内扣除。

3. 缺陷责任期的确定

缺陷责任期是指承包人按照合同约定承担缺陷修复义务,且发包人预留质量保证金(已缴纳履约保证金的除外)的期限。

缺陷责任期从工程通过竣工验收之日起计,缺陷责任期一般为 1 年,最长不超过 2 年,由发承包双方在合同中约定。

4. 质量保证金的使用

缺陷责任期内,由承包人原因造成的缺陷,承包人应负责维修,并承担鉴定及维修费用。如承包人不维修也不承担费用,发包人可按合同约定从质量保证金或银行保函中扣除,费用超出质量保证金额的,发包人可按合同约定向承包人进行索赔。承包人维修并承担相应费用后,不免除对工程的损失赔偿责任。由他人及不可抗力原因造成的缺陷,发包人负责组织维修,承包人不承担费用,且发包人不得从质量保证金中扣除费用。

5. 质量保证金的返还

缺陷责任期内,承包人认真履行合同约定的责任,到期后承包人向发包人申请返还质量保证金。发包人在接到承包人返还质量保证金申请后,应于 14 天内会同承包人,按照合同约定的内容进行核实,如无异议发包人应当按照约定将质量保证金返还给承包人。剩余质量保证金的返还,并不能免除承包人按照合同约定应承担的质量保修责任和应履行的质量保修义务。

三、最终结清

1. 概念

最终结清是指合同约定的缺陷责任期终止后,承包人已按合同规定完成全部剩余工作且质量合格的,发包人与承包人结清全部剩余款项的活动。

2. 程序

(1)最终结清申请单。缺陷责任期终止后,承包人已按合同规定完成全部剩余工作且质量合格的,发包人签发缺陷责任期终止证书,承包人可按合同约定的份数和期限向发包人提交最终结清申请单,并提供相关证明材料。

(2)最终支付证书。发包人收到承包人提交的最终结清申请单后的规定时间内予以核实,向承包人签发最终支付证书。

3. 最终结清付款

发包人应在签发最终结清支付证书后的规定时间内,按照最终结清支付证书列明的金额向承包人支付最终结清款。

案例解析

【例 5-3】 某工程项目业主选择某投标人为承包商,并与其签订了工程承包合同,工期为 4 个月。有关工程价款及其支付约定如下:

1. 工程价款

(1)分部分项工程量清单费用为 500 万元,人工和机械费用之和为 125 万元;其中 A、B 两项工程量分别为 2 300 m³、3 200 m³,综合单价分别为 380 元/m³、360 元/m³。

(2)技术措施项目清单包括混凝土模板、脚手架、垂直运输等五项,费用为 150 万元,其中人工和机械费用之和为 38 万元。

(3)一般措施项目清单包括文明施工与环境保护、雨期施工等,费用为分部分项工程和技术措施项目人工、机械费之和的 1.7%。

(4)其他项目费仅有暂列金额 60 万元(未包括安全施工费、税金)。

(5)管理费和利润为分部分项工程和技术措施项目人工、机械费之和的 18.5%。

(6)规费为分部分项工程和技术措施项目人工、机械费之和的 7.5%。

(7)安全施工措施费为不含安全施工措施费的税前造价的 2.27%。

(8)增值税税率为 9%。

2. 价款支付

(1)工程预付款为签约合同价扣除暂列金额的 20%,在施工期后两个月平均扣除。

(2)A、B 两项分部分项工程项目工程款按每月已完工程量计算支付,其余分部分项工程项目工程款在施工期间每月平均支付。

(3)技术措施项目、一般措施项目(不含安全施工措施费)工程款在施工期内每月平均支付。
(4)其他项目工程款在发生当月支付。
(5)施工期间业主按每月承包商应得工程款的90%支付。

3. 竣工结算
(1)竣工验收通过后30天内办理结算。
(2)业主按工程实际总造价的3%扣留工程质量保证金,其余工程款在收到承包商结清支付申请后14天内支付。

承包商每月实际完成并经签证确认的分部分项工程项目工程量见表5-4。

表5-4 每月实际完成工程量

分项工程月份	1	2	3	4	累计
A	500	600	700	500	2 300
B	700	900	900	700	3 200

施工期间,2月份发生现场签证人工、材料、机械费用分别为9万元、26万元、7万元,3月份发生经审定的工程索赔款12万元。

问题:
(1)A、B两项分部分项工程费用为多少万元?该工程不含税、含税签约合同价分别为多少万元?开工前业主应支付给承包商的材料预付款为多少万元?
(2)施工期间每月承包商已完工程款为多少万元?业主应向承包商支付工程款为多少万元?到每月底累计支付工程款为多少万元?
(3)实际工程总造价为多少万元?竣工结算款为多少万元?

解析:
(1)分部分项工程和技术措施项目综合单价,包括人工、材料、机械费用和管理费、利润,其中管理费、利润以人工与机械费之和为计算基数。
(2)一般措施项目、管理费、利润、规费均以分部分项工程和技术措施项目人工、机械费之和为计算。
(3)安全施工措施费以不含安全施工措施费的税前造价为基数计算,即以包括全部人工、材料、机械费与管理费、利润、规费之和为计算基数。
(4)增值税以人工、材料、机械费和管理、利润、规费、安全施工费之和为基数计算。
(5)其他项目费用,计算签约合同价时按暂估金额考虑,在施工期间按实际发生计算;各项费用计算方法与分部分项工程和技术措施项目计算方法一致。
(6)工程预付款以合同价(扣除暂列金额)的一定比例计算。需要说明的是,直接用"合同价—暂列金额"作为工程预付款的基数是不严谨的。因为合同价包括了安全施工费和税金,暂列金额没有包括安全施工费和税金,两个数据包含的内容不一致,直接相减显然是不妥的。
工程开工前,业主支付给承包商的工程预付款属于预支性质,需要在施工期间承包商已完工程款中扣除。
(7)竣工结算款,是实际工程总造价扣除在开工前和施工期间已支付的工程预付款、各月工程进度款和质量保证金之后的剩余部分工程款。

答案：

问题1：

(1)A、B两相分部分项工程费用。

1)A分项工程费用＝工程量×综合单价＝2 300×380/10 000＝87.4(万元)

2)分项工程项目费用＝工程量×综合单价＝3 200×360/10 000＝115.2(万元)

合计：87.4＋115.2＝202.6(万元)。

(2)不含税、含税签约合同价。

1)不含税签约合同价＝(分部分项工程费用＋技术措施项目费用＋一般措施项目费用＋
其他项目费用＋规费)×(1＋安全施工费费率)
＝[500＋150＋60＋(125＋38)×(1.7％＋7.5％)]×(1＋2.27％)
＝724.996××(1＋2.27％)＝741.453(万元)

2)含税签约合同价＝不含税签约合同价×(1＋税率)
＝741.453×(1＋9％)＝808.184(万元)

(3)工程预付款＝[含税签约合同价－暂列金额×(1＋安全施工费费率)×(1＋税率)]×
预付比率
＝[808.184－60×(1＋2.27％)×(1＋9％)]×20％＝148.260(万元)

问题2：

每月承包商已完工程款＝[分部分项工程费＋技术措施项目费＋一般措施项目费＋其他项目费＋规费]×(1＋安全施工费费率)×(1＋税率)

每月业主应支付＝已完工程款×90％－应扣留金额

1月份：

(1)承包商已完工程款＝{(500×380＋700×360)/10 000＋[(500－202.6)＋150＋(125＋
38)×(1.7％＋7.5％)]/4)}×(1＋2.27％)×(1＋9％)
＝(44.2＋115.599)×(1＋2.27％)×(1＋9％)
＝178.135(万元)

(2)业主应支付工程款＝178.135×90％＝160.321(万元)

(3)累计已支付工程款＝160.321(万元)

2月份：

(1)承包商已完工程价款＝{(600×380＋900×360)/10 000＋115.599＋[(9＋26＋7)＋(9＋7)×(18.5％＋1.7％＋7.5％)]}×(1＋2.27％)×(1＋9％)＝242.157(万元)

(2)业主应支付工程款＝242.157×90％＝217.941(万元)

(3)累计已支付工程款＝160.321＋217.941＝378.262(万元)

3月份：

(1)承包商已完工程价款＝[(700×380＋900×360)/10 000＋115.599]×(1＋2.27％)×
(1＋9％)＋12＝206.633(万元)

(2)业主应支付工程款＝206.633×90％－148.260/2＝111.840(万元)

(3)累计已支付工程款＝378.262＋111.840＝490.102(万元)

4月份：

(1)承包商已完工程价款＝[(500×380＋700×360)/10 000＋115.599]×(1＋2.27％)×

(1+9%)=178.135(万元)

(2)业主应支付工程款=178.135×90%-148.260/2=86.191(万元)

(3)累计已支付工程价款=490.102+86.191=576.293(万元)

问题3:

(1)实际工程总造价=签约合同价+其他项目工程款变化额
=808.184+{[(9+26+7)+(9+7)×(18.5%+1.7%+7.5%)]-60}×(1+2.27%)×(1+9%)+12=805.059(万元)

(2)竣工结算款=实际工程总造价×(1-质保金率)-工程预付款-累计已支付工程款
=805.059×(1-3%)-148.260-576.293=56.354(万元)

工程竣工结算的问题原因和审核要点

一、结算中常见问题的原因分析

(1)结算争议多,导致编审不及时,甚至严重拖期,首先在于项目定位模糊,设计随意变更,造成合同总价或单价难以覆盖并锁定。

(2)招标图纸深度不够。一方面,设计院不提供材料及设备的技术规格要求,造成技术要求模糊,合同界面不清,风险界定不明,招标单位无法编制出完整的工程量清单,清单项目或描述不清或多漏项,招标单位无法精准报价,价格的竞争性受限,开发商或建设施工单位难以合理评定标价;另一方面,由于设计图深度不够等问题不得不延至施工阶段解决,建设施工单位不得不采用开口合同,致使合同严密性差,争议和现场签证多,成本难以锁定,而建设施工单位也不得不花费大量时间和人力加以协调。

(3)合同分拆过细。一方面,建设施工方将大量材料、设备采用甲供合同或甲定乙供合同予以分拆,合同数量少则几十多则上百,为此不得不安排大量人力负责材料、设备的确认、采购、协调、管理及收验货;另一方面,合同分拆导致项目合同关系更为复杂,建设施工方不得不承担直接管理责任及总承包方应承担的部分责任,在工程进展及结算中常发生互相推诿扯皮的现象,从而造成无效成本,乃至进度拖延。

(4)承包商不及时编制施工图预算,不积极与投资监理核对预结算,其原因就在于总包填资(至结构封顶)施工、合同暂估价或利润水平较高,或其内部管理混乱。

二、工程结算审核的十大要点

1. 做好结算审核的准备工作

首先,应要求承包商或指定分包或供应商在递交结算供审核时,附上结算价款不再调整的承诺。其次,应详细审核项目或分项的合同文本,了解合同范围、与其他承包商之间的界面划分和计价模式等。再次,应检查竣工资料的完整性和准确性,特别是设计变更内容是否完整体现在竣工图纸上。最后,应及时与工程管理部、现场监理联系、交流,以充分了解项目或分项工程的现场情况,利于结算审核工作的完整性。另外,计划编制也很重要,以某工程为例,成本控制中心根据总工室施工图的出图时间制定各项目的预算编制计划;成本控制中心根据工程管理中心提供结算资料时间编制项目结算审核计划;成本控制中心按承包商上报结算时间编制工程结算审核计划。

2. 审核建筑面积

一方面,应关注设计变更可能引起的建筑面积调整,提醒造价咨询公司注意施工图纸与实际的建筑面积差异,必要时与建筑师或造价咨询公司或承包商计算的面积逐层进行对比;另一方面,若建筑面积与结算不同,要求各方就面积差异取得一致;如建筑面积有调整,应及时检查机电专业结算相关数据。

3. 审核结算资料

结算资料除通用要求外,还有个性化的要求:

(1)土方工程结算上,须提供经过甲方现场工程师、造价工程师、监理工程师及施工单位四方共同确认的交付场地标高图和完成面标高图。标高图中必须有明确的边界线、放坡、工作面等实际情况(合同中约定不计放坡、工作面的除外,须有划分详细的方格网计算图(10×10)及相关的计算书。

(2)桩基工程结算上,须有桩基工程打桩原始现场记录,包括桩号、桩规格、现状土标高、桩顶设计标高、送桩长度等,须有甲方现场工程师、造价工程师、监理工程师及施工单位四方共同的签字确认。

(3)部品工程结算上,施工单位必须做出详细的竣工图纸供工程管理中心现场工程师、总工室设计师核对后确认,并提交招标图纸及变更签证作为结算依据,以便对照。

(4)园建、绿化工程类结算上,结算资料在报送甲方工程管理中心工程师之前须经过园建、绿化相关工程师的确认,并由园建、绿化工程师签注结算核实意见。

(5)样板房工程上,样板房工程由工程管理中心工程师接管相应的结算资料交接工作;需提供通过验收意见的样板房现状说明书及其附表;在招标时主材价为暂定的,须由成本控制中心按设计要求确认相应的主材价格。

(6)材料设备类结算上,须提供经供货方、监理(无监理的情况除外)、总包、甲方四方签字核实的《材料设备验收单》和配套的《材料设备价格清单》原件作为结算依据。

结算资料核对要点包括以下几项:

(1)资料是否齐全,是否有复印件结算的情况;

(2)竣工验收合格报告中内容填写是否完整,特别注意验收报告中完工日期,建筑面积等一应说明是否填写完整;

(3)工程结算工作交接单中内容填写是否完整,工程管理中心负责人是否签署;特别留意交接单中有关竣工图纸,指令变更的描述及往来款项的说明。

4. 检查多计项

在具体检查结算前,应仔细阅读承包合同(或按常规假定标段划分)和工程量计算规则,确保结算内容与承包合同所述内容及计算规则相一致。结算出现多计项的错误,通常是由于设计或竣工图纸所表述的内容超过标段或承包合同范围;或是承包合同约定的工程量计算规则与常规的认识不同。

常见的多计项包括但不限于如下 6 种:

(1)已约定需含在钢筋单价或措施项目中的大底板架立筋;

(2)已约定需含在土方开挖单价中的 1 m³ 内的混凝土块料;

(3)墙地面内粉刷、洗手间防水层等,这是土建总包与二次装修分包工作界面;

(4)电气排管排线、开关插座、空调风口、冷热给水排管、弱电排管排线等,这是机电与二次装修分包工作界面;

(5)穿管、预埋件、设备基础,这是土建总包与机电分包的配合界面;

(6)土建总包与幕墙分包的配合界面的预埋件。

5. 做好价格复核

(1)审核单价。

首先,审核竣工结算所列各分项工程单价是否符合承包合同约定的单价,包括合同单价或定额单价,其名称、规格、计量单位和所包含的工程内容是否与合同或单价估价表相一致。

其次,单价换算首先要审查换算的分项工程是不是合同或定额中允许换算的,再审查换算是否正确。

最后,补充合同单价或定额及单位估价表,要审查补充定额的编制是否符合编制原则,单位估价表计算是否正确。

(2)审核取费标准。若采用定额计价,根据竣工结算时间,取费用发生时所执行的定额及与定额相对应配套的取费标准点。

应注意建筑工程类别划分是否与工程性质及规定指标相符,有无高套取费标准;各项取费的计取基数是否符合有关规定;有无规定之外的取费等;对于人工单价、开办费、管理费率、利润让利等情况需按承包合同的约定执行。

(3)审核甲供料扣款及核销。若项目或各分项工程中部分采用甲供料,则采用定额计价时,需在税后扣回甲供料定额预算价格;若甲方供应数量与工程实际用量存在差异,需进行材料核销,超供部分应按供应价扣回。

(4)审核甲方代缴代扣。项目或各分项工程中,如果存在甲方代缴代扣项目的工程水电费等,审核人应进行费用清算。

(5)审核合同约定的奖罚款。项目或各分项工程中,若依据合同约定,存在各类奖罚款的如质量、工期等,应进行此项费用清算。

此外,根据合同约定,应对项目或分项工程保修金进行计算并预留,所有结算在三方签字盖章前必须经算数核对。

6. 审核工程量

同步或交叉复核工程量可用以下 5 种方法:

(1)利用统计数据及经验,对主要工程量每平方米含量先进行一次初步核准,以确定是否在合理区间内。

(2)利用统筹法审核平面如建筑面积与楼板、装饰面层、天棚、吊平顶,以及垂直面如外立面与其饰面、窗、阳台门、幕墙、外脚手、外立面或平面系数等相关数据的合理性、正确性。

(3)逐层或选择典型楼层如地库、裙房、标准层、屋层层,复核柱、梁、楼板、剪力墙混凝土、钢筋含量指标的合理性。

(4)抽查或测量典型柱网结构的混凝土含量和钢筋含量。

(5)定期或不定期对工程量进行百分百计算复核。

7. 审核时点

对总包结算的审核，可与造价咨询单位同步进行；对指定分包或供应合同的结算审核，可安排在造价咨询单位递交初步审核意见之后。

以某开发公司对审核时间的要求为例：

委托工程造价咨询公司进行审计的，1 000万元以下的项目审计原则上出具初步审计报告的时间不得超过20天，1 000万元以上的项目出具初步审计报告的时间不得超过30天，特殊情况下不得超过45天。

成本控制中心每次受到施工单位的反馈意见后回复时间：10万元以下的2天内，10万元～50万元的3天内，50万元以上的5天内。

集团财务管理中心的复核时间：自结算资料齐全之日起，一般复核5天内，全面复核时间为，50万元内的10天内，50万元以上的及主体、市政配套、园建工程为25天内。

以上未按时限完成的（因被审计单位自身造成的延误除外），每延迟一天扣罚责任部门总监50元。

8. 发挥造价咨询单位作用

对造价咨询单位要有所要求，例如要求其提供计算底稿，并将上述检查结果与之交流沟通，要求其根据甲方审核意见与承包商进一步洽商。

在委托造价咨询公司时，成本控制中心要对编制预结算的咨询单位进行考察、筛选，确定委托对象后报成本分管领导审核、总经理审批确定；成本控制中心负责与被委托方签订详细的预结算编审的造价咨询委托合同；成本控制中心负责跟踪、了解造价咨询机构的编制或审核情况，督促咨询机构履行造价咨询委托合同，审查咨询机构的编制结果。

按某开发公司的相关规定，委托工程造价咨询公司审计结算，咨询费用应按如下标准进行控制：

工程造价500万元以内的，咨询费率应控制为3‰～8‰，500万元以上的咨询费率应控制为2‰～6‰。

单独安装工程结算审计可在上述基础之上适当增加0.5‰～1‰，如果咨询公司最终审计报告质量控制在公司规定的误差率范围之内（初审误差率应控制在3%以内，复审误差率应控制在1%以内），咨询公司年度咨询费收费低于上述最低费率计算的费用时，成本管理中心可以按最低咨询费率计算补偿给咨询公司，以确保咨询公司工作积极性。

最高咨询费不高于上述规定的最高咨询费率计算的咨询费，计费基数均以定案造价计算，必须在咨询合同中做出规定，确定上述计费基数时若原施工合同是总价合同，原合同总价不应计算在计费基数之内。

结算咨询合同中必须规定公司有权对咨询单位的初审金额另行委托其他单位或自行组织人员进行复审，如复审核减率超过2%但未超过3%（含3%），公司只按结算审计费70%支付审计费，另外咨询单位还要承担复审的审计费用（复审审计费按复审核定工程造价的1‰收取基本审计费，核减额提成按核减额的5%计算），公司有权直接从应付咨询单位的审计费用中扣除。如复审核减率超过3%，则公司不支付任何审计费用给咨询单位，已预付的审计费由咨询单位退回。

工程造价审计咨询合同必须采用公司相应合同范本。

所有涉及需要办理工程结算的承包合同中必须明确规定：

承包方提供的结算必须实事求是，如实依据合同规定计算，如果乙方虚报夸大结算金额，计算误差率超过5％，超过部分审计费由承包方承担，审计费按核减额乘以4％计算，由公司直接从工程结算款中扣除，上述误差率定义：(乙方送审金额－最后审计定案金额)÷最终审计定案金额×100％)。

所有涉及需要办理现场工程经济签证与设计变更签证的合同中必须明确规定：

签证单中的预算书的内容必须完整、准确，承包方上报的补充预算额，不得高出公司审定后的金额的10％，否则，公司将收取超出部分的10％的违约金，在结算工程总价款中扣除，并降低承包方在公司承建商评估体系的排名。

9. 选好设计单位，提高出图深度和质量

(1)某开发公司总工室向成本控制中心提供设计图纸(白图)，成本控制中心资料员须办理签收登记手续，建立设计图纸收发台账。

(2)设计图纸须明确工程所属板块、工程所在地、单位工程名称和编码；项目当期(区)的户型、栋数。

(3)设计图纸须尺寸清晰、准确，有详细的设备材料的规格型号和标准。如带装修的，需有明确的装修标准，须明确产品档次、规格、型号，如使用套图的，需说明套图对象与变化情况。

(4)预算编制过程发生设计图纸澄清、变更修改、调整，由设计代表书面回复工程成本控制中心或在计算图纸上标注、签名；有关问题由总工室、成本控制中心以业务联系单形式交流完成。设计回复时间不列入预算编制时间。

(5)资料员发现存在图纸不齐，不具备预算编制条件，可拒绝收图。

(6)凡总工室给成本控制中心的设计图纸及相关资料，成本控制中心必须保存完整，直到工程全部竣工结算完成为止，并在本部门资料员处存档至少保存到项目工程全部办完竣工结算后5年以上。

另外，对于审核方而言，还要加强项目开发的计划和节奏，重视、强化招标采购的策划工作，确保招标采购工作的合理时间；加强、细化回标分析及询标、确认工作，减少、避免合同争议的重复发生；加强合同管理、工程记录及档案管理；加强对投资监理的事前指导、过程管理、事后考核。

10. 结算过程其他注意事项

结算单价在合同中有规定的，则按合同规定执行；结算单价在合同中未规定的则参照定额和市场合理低价进行确定；结算的工程量以竣工图为准，竣工图不清之处，预算人员要得到工程管理中心的确认或到工地现场进行实地测量；尤其对图纸未标注、规范无特别要求，现场实际施工又提高标准的项目一定要有现场工程师文件确认并符合工程合同要求后才能给予按实结算。

扣除甲供、三方供货材料、设备的多用材料费(实际领用甲方材料数量减结算用量的差量乘甲方供应材料超量扣款单价)。同时，对甲供材料、设备的多领和少领数量也应引起足够重视；多领和少领数量要与现场工程师一起核对确认，并要对其少领和多领原因进行分析，通过分析，进一步验证结算数量的正确性。材料价差严格按材料限价调整。

按承包合同确定的结算方式确定结算总价，在初审结算书、与承包方核对时依据合同，进行甲供材料、配合管理费及责任扣款等费用的确认、扣除。

在预算编制中，因施工组织设计、现场实际标高没能及时提供，造成未按施工组织设计、现场实际标高计算项目和工程量的，成本控制中心结算中一定要要求工程管理中心提

供施工组织设计、现场实际标高，对原预算做出相应调整。

同一工程，若有两次以上结算或签订两份以上合同产生两份以上结算时，在分次结算中要注意之前结算与之后结算的工程量衔接，之前结算一定要用文字或图示标(说)明已结范围和位置，之后结算要在结算前先核对之前各结算书已结时间段、位置和范围，避免重复。要求现场工程师在向成本控制中心报送资料中一定要注明每次结算的实际施工位置或距离。

理论考核

一、单项选择题

1. 竣工结算审核应采用（　　）。
   A. 重点审核法　　B. 抽样审核法　　C. 全面审核法　　D. 类比审核法
2. 关于工程预付款的支付和扣回说法，下列正确的是（　　）。
   A. 包工包料工程预付款的支付比例原则上不低于签约合同价的10%，不高于签约合同价的30%
   B. 工程预付款额度一般是根据施工工期、建安工程量及材料储备周期等因素确定
   C. 预付款是发包人为解决承包人在施工过程中的资金周转问题而提供的协助
   D. 采用公式计算预付款额度应根据主要材料占年度工程总价的比重、材料储备定额天数和年度日历天数因素确定
3. 关于合同价款调整说法，下列正确的是（　　）。
   A. 由于招标工程量清单中措施项目漏项，由承包人提出措施项目费用调整方案，报发包人确认
   B. 在合同履行期间，若设计图纸与招标工程量清单任一项目的特征描述不符，发承包双方应当以清单中的项目特征，重新确定相应单价
   C. 发包人要求的工期天数不得低于定额工期的80%
   D. 误期赔偿费应列入竣工结算文件，并应在结算款中扣除
4. 关于竣工结算说法，下列错误的是（　　）。
   A. 投标文件可以作为竣工结算的编制依据
   B. 措施项目中的总价项目如发生调整的，以发承包双方确认调整的金额计算
   C. 计日工应按发包人实际签证确认的事项计算
   D. 已经竣工验收或已竣工未验收但实际投入使用的工程，其质量争议按该工程保修合同执行

二、多项选择题

1. 关于期中支付说法，下列正确的有（　　）。
   A. 已标价工程量清单中的总价项目，承包人应按合同中约定的进度款列入进度款支付申请中的总价项目的金额
   B. 已标价工程量清单中的单价项目，承包人应按工程计量确认的工程量与投标所报综合单价计算
   C. 承包人现场签证和得到发包人确认的索赔金额列入本周期应增加的金额

D. 承包人向发包人提交的支付申请的内容包括累计已实际支付的合同价款
E. 发现已签发的任何支付证书有错、漏或重复的数额，经发承包双方复核同意修正的，应在本次到期的进度款中支付或扣除

2. 关于履约担保说法，下列正确的有（　　）。
   A. 履约保证金的有效期自提交履约保证金之日起至合同约定的中标人主要义务履行完毕止
   B. 履约保证金不得超过中标合同金额的10%
   C. 中标人不按期提交履约担保的视为废标
   D. 招标人要求中标人提供履约担保的，招标人应同时向中标人提供工程款支付担保
   E. 履约保证金的有效期需保持至工程接收证书颁发之时

技能训练

某施工企业承包的建筑工程合同造价为800万元。双方签订的合同规定：工程预付备料款额度为18%；工程进度款达到68%时，开始起扣工程预付备料款。经测算，其主材费所占比重为56%，设该企业在累计完成工程进度64%后的当月，完成工程的产值为80万元。试计算该月应收取的工程进度款及应归还的工程预付备料款。

项目六　工程量清单编制和投标报价编制能力训练

学习目标

1. 能对1#生产车间工程施工图进行识读；
2. 能掌握工程量清单编制相关知识；
3. 能掌握投标报价编制依据和编制方法；
4. 能编制1#生产车间工程工程量清单；
5. 能编制1#生产车间工程投标报价。

任务一　工程量清单编制实例

一、1#生产车间建筑及装饰工程招标文件

1. 招标范围

本工程施工的招标范围：1#生产车间工程的全部建筑及装饰装修工程。工程所需的所有材料均由投标人采购。

2. 工程概况

本办公楼为三层，建筑面积为587.8 m²，结构形式为框架结构，独立基础，施工工期为2个月。施工现场临近公路，交通运输方便，拟建建筑物东20 m为原有建筑物，西80 m为城市交通道路，南70 m处有墙，北10 m处有车库。

3. 要求

(1)参与投标的施工企业的资质及其他要求：三级以上(含三级)建筑施工企业。
(2)工程质量应符合《建筑工程施工质量验收统一标准》(GB 50300—2013)的要求。

4. 投标报价

(1)投标人根据招标人提供的工程量清单编制投标报价，其合同价采用固定单价。
(2)投标报价应按照"计价规范"和《建设工程工程量清单计价规范××省实施细则》中工程量清单计价的有关规定进行编制。
(3)工程量清单采用综合单价计价。综合单价应包括完成工程量清单中一个规定计量单

位项目所需的人工费、材料费、机械使用费、管理费和利润,并考虑风险因素。

(4)投标报价应包括按招标文件规定完成工程量清单所列项目的全部费用,包括分部分项工程费、措施项目费、其他项目费、规费和税金。

(5)根据××市有关规定,文明施工和环境保护费、雨期施工费及规费均以人工费+机械费之和为取费基数,文明施工和环境保护费、雨期施工费按0.65%计取,规费按10%计取,安全施工措施费以不含本项费用的税前造价为取费基数,按2.27%计取,税金按9%计取。

(6)考虑施工中可能发生的设计变更或清单有误,预留金额5万元。投标人须将招标人预留金计入投标总价,否则视为不响应招标文件要求,做废标处理。

二、1#生产车间建筑及装饰工程施工图

1#生产车间建筑及装饰工程施工图见右侧二维码。

某生产车间建筑施工图

三、1#生产车间建筑及装饰工程工程量清单

1#生产车间建筑及装饰工程工程量清单见右侧二维码。

工程量清单

任务二　投标报价编制实例

一、编制依据

(1)1#生产车间建筑及装饰工程工程量清单及招标文件的有关规定;
(2)建设工程工程量清单计价规范;
(3)某省建筑工程消耗量定额或计价定额;
(4)某省建设工程费用参考标准;
(5)某地区人工、材料、机械台班的市场价格信息以及主要分包项目价格信息。

二、1#生产车间建筑及装饰工程投标价

1#生产车间建筑及装饰工程投标价见右侧二维码。

投标报价

参考文献

[1] 中华人民共和国住房和城乡建设部，中华人民共和国国家质量监督检验检疫总局. GB 50500—2013 建设工程工程量清单计价规范[S]. 北京：中国计划出版社，2013.

[2] 中华人民共和国住房和城乡建设部. GB 50854—2013 房屋建筑与装饰工程工程量计算规范[S]. 北京：中国计划出版社，2013.

[3] 中华人民共和国住房和城乡建设部. GB/T 50353—2013 建筑工程建筑面积计算规范[S]. 北京：中国计划出版社，2014.

[4] 辽宁省住房和城乡建设厅. 辽宁省房屋建筑与装饰工程定额[S]. 沈阳：北方联合出版传媒（集团）股份有限公司，2017.

[5] 辽宁省住房和城乡建设厅. 辽宁省建筑工程费用标准、施工机械台班费用标准、混凝土砂浆配合比标准[S]. 沈阳：北方联合出版传媒（集团）股份有限公司，2017.

[6] 中华人民共和国住房和城乡建设部，国家工商行政管理总局. GF—2017—0201 建设工程施工合同（示范文本）[S]. 北京：中国建筑工业出版社，2017.

[7] 辽宁省建设工程造价管理协会专家委员会. 建设工程计量与计价实务·土木建筑工程[M]. 沈阳：沈阳出版社，2019.

[8] 张宇帆，张建平. 建筑工程计量与计价实务案例分析（2019版）[M]. 重庆：重庆大学出版社，2019.

[9] 丁春静. 建筑工程计量与计价[M]. 4版. 北京：机械工业出版社，2021.

[10] 全国造价工程师职业资格考试培训教材编审委员会. 建设工程技术与计量（土木建筑工程）[M]. 北京：中国计划出版社，2021.

[11] 楚晨晖，王丹净，葛君山. 建筑工程计量与计价项目化教程[M]. 武汉：华中科技大学出版社，2019.

[12] https://www.icourse163.org/course/XZYEDU—1002998010? from＝searchPage